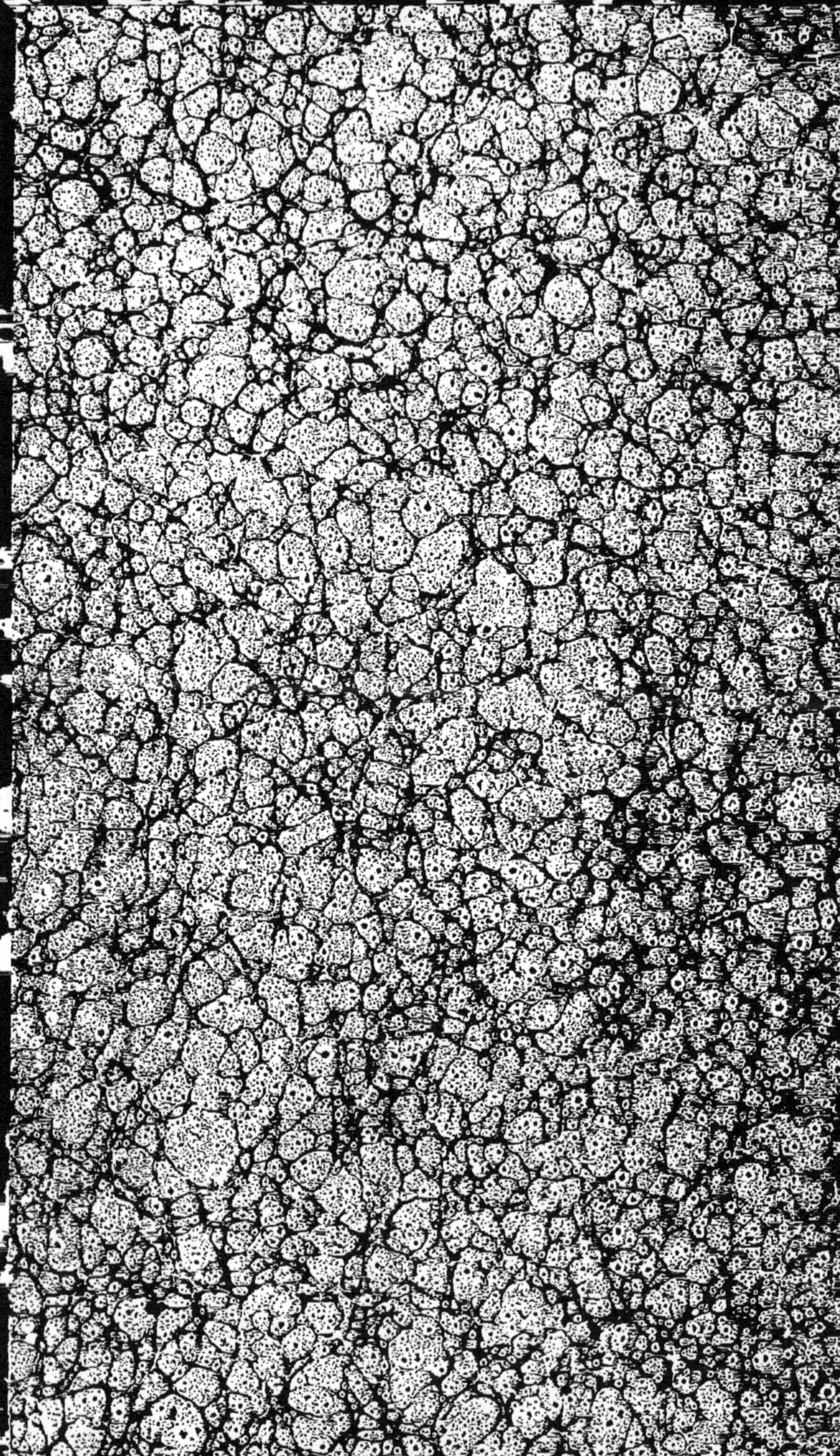

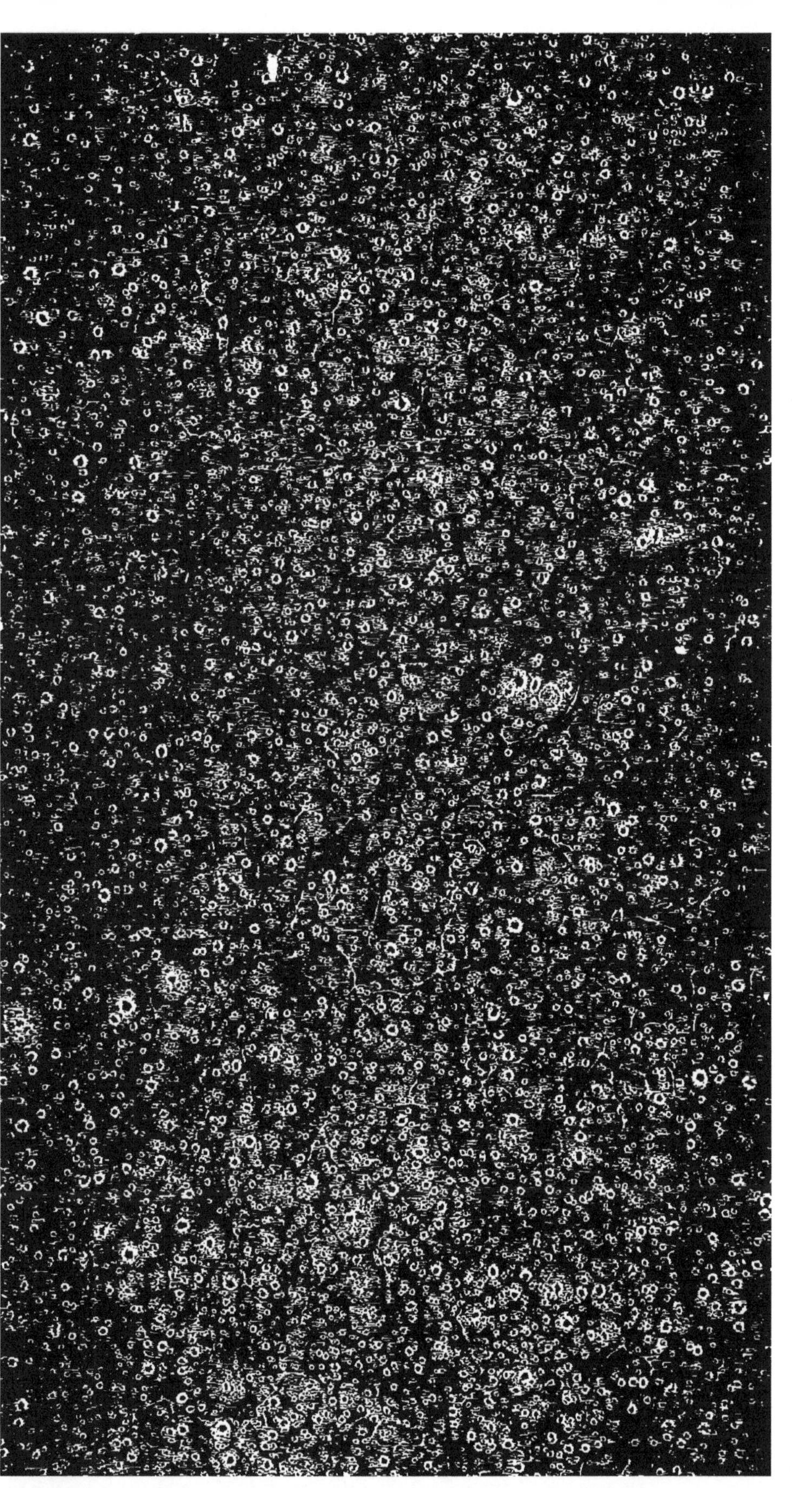

ÉLÉMENS
D'ARITHMÉTIQUE.

ÉLÉMENS D'ARITHMÉTIQUE,

CONTENANT

LA théorie et la pratique des quatre premières Règles, celle des Fractions, leur application à diverses questions utiles, et un Supplément sur les Nouvelles Mesures, à l'usage des Commençans;

OU

MÉTHODE à l'aide de laquelle les Parens pourront, *au défaut de Maîtres*, commencer l'instruction de leurs Enfans.

Par MAZURE DUHAMEL, Professeur de l'École Impériale de Navigation de Marseille.

A MARSEILLE,
Chez JEAN MOSSY, Imprimeur - Libraire,
à la Canebière.

1812.

ÉLÉMENS D'ARITHMÉTIQUE.

CHAPITRE PREMIER.

Définitions.

1. C'est en regardant un arbre et plusieurs arbres, une seule feuille et toutes les feuilles d'un arbre, une étoile et toutes les étoiles qui s'offrent à la vue dans une belle nuit ; enfin, un objet et plusieurs objets de même espèce, que l'on acquiert, petit à petit, l'idée d'*unité*, de *pluralité*, et celle de *multitude*.

Et en réunissant plusieurs unités de même espèce, des jetons, par exemple, on parviendra à se former une idée claire du *nombre*. La définition du nombre ne présentera maintenant aucune difficulté pour être entendue ; la voici :

2. *Le Nombre est l'assemblage ou la réunion de plusieurs unités de même espèce.*

Par exemple : dans *dix* hommes, *dix* francs, *dix* quintaux, *dix* années, etc., le nombre est

DIX, et les hommes, les francs, les quintaux, les années, etc., sont les *unités*.

3. Lorsque le *nombre* est considéré isolément, qu'il est *séparé* de l'espèce d'unité, quelle qu'elle soit, il est dit *abstrait*.

Deux, trois, neuf, dix, ou deux fois, trois fois, neuf fois, dix fois, sont des nombres abstraits.

4. Si le nombre est joint à l'espèce d'unité, on l'appelle alors nombre *concret;* comme deux chevaux, quatre maisons, etc.

5. *L'arithmétique est la science des nombres; son but est de donner les moyens de représenter les nombres, de les composer et décomposer : c'est ce qu'on appelle calculer.*

Plan de l'ouvrage.

6. Pour procéder avec méthode, nous donnerons le système de numération, ensuite l'addition, la soustraction, la multiplication et la division, qui servent à composer et à décomposer les nombres; ce sera la matière du premier chapitre.

Dans le second chapitre nous exposerons la théorie et la pratique des fractions.

Dans le troisième nous appliquerons les connaissances acquises, dans les deux premiers chapitres, à la résolution de plusieurs questions utiles; et enfin, nous terminerons par un supplément sur les nouvelles mesures.

Mode d'enseignement.

7. La plupart des maîtres montrent aux enfans les quatre premières règles d'une manière purement pratique ; cela les tourmente beaucoup, leur fait perdre un temps précieux et bien souvent sans fruit ; car ils les oublient faute d'en connaître la théorie, laquelle peut seule leur donner l'esprit de ces opérations et aider à les faire retrouver au besoin.

La manière la plus convenable d'enseigner ces élémens à un enfant, est de les lui faire lire, la plume à la main, afin qu'il vérifie tout par lui-même et ne confie à sa mémoire que ce qu'il aura parfaitement entendu. Dès qu'on sera convaincu qu'il comprend un article, on pourra le questionner et l'habituer à y répondre correctement, en s'attachant au sens, et non à l'apprendre littéralement, comme bien des maîtres l'exigent, ce qui nuit à l'entendement. Il sera bon de lui donner à copier la manière de faire chaque opération, d'en changer ensuite les nombres et d'exiger qu'il en fasse lui-même la description complète ; d'abord verbalement, et sous les yeux du maître ; et après, par écrit, mais seul ; on lui corrigera ce qu'il aura fait et on lui redonnera le même travail sur divers exemples jusqu'à ce qu'il y ait acquis une grande facilité.

De la Numération.

8. La numération est l'art d'énoncer et de représenter tous les nombres entiers imaginables avec dix caractères ou signes seulement.

Ces caractères, que l'on appelle chiffres, nous viennent des Arabes; les voici dans leur ordre de valeur :

0,	1,	2,	3,	4,	5,	6,	7,
zéro,	un,	deux,	trois,	quatre,	cinq,	six,	sept,

8	, 9.
huit	et neuf.

9. Avec les neuf derniers caractères, on peut représenter les nombres depuis un jusqu'à neuf inclusivement; mais si l'on ajoutait une unité aux neuf, on aurait un nouveau nombre auquel on a donné le nom de *dix*, ou de *dixaine*, et pour lequel on n'a pas inventé de signe particulier.

C'est dans le dessein de simplifier l'art d'écrire les nombres que l'on a fait usage, pour représenter les dixaines, des mêmes caractères que pour les unités; mais de les en distinguer en les plaçant à leur gauche.

Delà vient que l'on compte une, deux, trois,... jusqu'à neuf dixaines, qu'on les représente également par les chiffres 1, 2, 3, ... 9; mais que pour les distinguer des unités, on met un zéro à leur droite qui en tient le lieu seulement. Le zéro, n'ayant pas de valeur par lui-même, est propre à cela. Voici le tableau des neuf dixaines et les noms de leurs valeurs en unités :

Une dixaine ou dix unités . . . . 10.
Deux dixaines ou vingt . . . . 20.
Trois dixaines ou trente . . . . 30.
Quatre dixaines ou quarante . . . . 40.
Cinq dixaines ou cinquante . . . . 50.
Six dixaines ou soixante . . . . 60.
Sept dixaines ou soixante et dix, ou septante (*a*). . 70.
Huit dixaines ou quatre-vingt, ou huitante . . . 80.
Neuf dixaines ou quatre-vingt-dix, ou nonante . . 90.

En joignant les neuf caractères 1, 2, 3, ... 9 à une dixaine, on a les nombres compris entre *dix* et *vingt ;* les voici avec leurs noms :

10,	11,	12,	13,	14,	15,	16,
Dix,	onze,	douze,	treize,	quatorze,	quinze,	seize,
17,	18,	19	, 20.			
dix-sept,	dix-huit,	dix-neuf	et *vingt*.			

(*a*) En cela nous nous conformons au vœu de quelques grammairiens, entr'autres de l'illustre Sicard, qui l'exprime ainsi, à la page 306 du tom. II. de ses élémens de grammaire générale :

« Pourquoi ne dit-on pas septante, octante ou huitante » et nonante ? Quelle bizarrerie de couper le fil de l'analo- » gie à soixante-neuf, et ne pas dire septante, ainsi que » huitante et nonante ? Qu'auraient donc de plus choquant » que les précédentes dixaines, ces nouvelles dixaines ? » Sans doute qu'un jour on renouera ce fil coupé si mal à » propos, et que notre vœu, à cet égard, sera rempli ».

On en fait autant pour les nombres compris entre *vingt* et *trente*, entre *trente* et *quarante*, etc., et pour ceux entre *huitante* et *nonante;* à celui-ci l'on joint encore les unités depuis 1 jusqu'à 9, et l'on obtient les nombres,

91, 92, 93, ...
nonante-un, nonante-deux, nonante-trois, ...
99
et nonante-neuf; ce dernier est le plus grand nombre que l'on puisse écrire avec deux chiffres seulement.

Maintenant en ajoutant une unité aux nonante-neuf, on a une nouvelle collection à laquelle on a donné le nom de *cent*, ou de *centaine;* mais comme cette unité, jointe aux 9, donne 10 unités ou 1 dixaine; que cette dixaine, jointe aux 9, donne 10 dixaines; on voit que 10 dixaines valent une *centaine*. Ainsi en traitant ces unités collectives comme les dixaines, on dira:
une centaine, deux centaines, trois centaines ... jusqu'à neuf centaines; mais comme on veut toujours se servir des mêmes caractères 1, 2, 3, ... 9, pour les représenter, on les distinguera des dixaines en les écrivant à leur gauche. Ainsi pour écrire 1 centaine, 2, 3, ... 9 centaines, on mettra deux zéros à la droite du chiffre qui désigne le nombre ou la quantité de centaines; comme:

100, 200, 300, 400,
cent, deux cents, trois cents, quatre cents,

500,	600,	700,	800,
cinq cents,	six cents,	sept cents,	huit cents,

900.
et neuf cents unités.

Cela posé, si l'on avait à écrire des nombres de trois chiffres, on s'y prendrait de la manière suivante :

soit, par exemple, le nombre
six cents quarante-neuf ;

ce nombre contient six cents unités... 600, ou 6 cent^{es}.
quarante unités... 40, ou 4 dix^{es}.
et neuf unités......... 9, ou 9 unités.

et en se rappelant des conventions établies ; savoir : que les dixaines se placent à la gauche des unités et les centaines à la gauche des dixaines, il faudra écrire le 9 d'abord, à sa gauche le 4, et à la gauche de celui-ci le 6, ce qui donnera 649 pour le nombre proposé.

Il sera avantageux de faire faire, en chiffres et par écrit, une liste des nombres depuis 1 jusqu'à 999 (neuf cent nonante-neuf) ; elle servira d'ailleurs pour tous les nombres possibles, comme on le verra par la suite.

Le plus grand nombre que l'on puisse représenter avec trois chiffres est 999 ; en y ajoutant 1 unité seulement, on obtient une nouvelle collection d'unités à laquelle on a donné le nom de *mille;* mais comme cette unité simple, jointe aux 9 unités du nombre 999, donne 10 unités ou 1 dixaine, que cette dixaine, jointe aux 9, donne 10 dixaines ou 1 centaine, et que celle-ci jointe aux 9 centaines du nombre 999, donne 10 centaines; il s'ensuit que dix centaines forment la nouvelle unité collective appelée mille. On compte de même *un mille*, *deux mille*, *trois mille*, etc., jusqu'à *neuf mille*, on les représente par les mêmes caractères 1, 2, 3, ... 9, mais on les distingue des centaines en les plaçant à leur gauche.

Pour écrire ces nouvelles unités isolément, il faut placer trois zéros à la droite des chiffres 1, 2, 3, ... 9, comme ci-dessous :

Un mille ou mille unités 1000,
deux mille 2000,
trois mille 3000,
. . . .
neuf mille . . . . 9000.

Les zéros tiennent ici la place des unités, des dixaines et des centaines, puisqu'ils n'ont pas de valeur par eux-mêmes.

Si l'on voulait écrire un nombre de quatre chiffres, par exemple, *sept-mille-huit-cent-cinquante-six;* il faudrait faire attention que ce nombre contient :

7 mille, ou 7000,
8 centaines 800,
5 dixaines 50,
et 6 unités 6;

et à cause que ces unités de différens ordres occupent des places de plus en plus reculées vers la gauche, les chiffres 7, 8, 5 et 6 doivent s'écrire dans l'ordre suivant 7856 pour représenter le nombre proposé. Il en serait de même pour tous les nombres de quatre chiffres jusqu'au plus grand qui est 9999.

En renfermant 10 *mille* en une seule unité, on forme les *dixaines-de-mille* ou les *dix-mille*; on les représente par les mêmes caractères 1, 2, 3, ... 9, mais on les distingue des mille en les mettant à leur gauche. En voici le tableau:

Une dixaine de mille ou dix-mille unités. 10000,
deux dixaines de mille ou vingt-mille . . . 20000,
trois dixaines de mille ou trente-mille. . . 30000,
⋮ ⋮
neuf dixaines de mille ou nonante-mille. . 90000.

Avec ces unités du cinquième ordre et celles des ordres précédens, on peut écrire tous les nombres depuis 1 jusqu'à 99999; c'est le plus grand nombre de cinq caractères.

En renfermant 10 *dixaines-de-mille* en une seule unité, on forme une nouvelle unité du sixième ordre à laquelle on a donné le nom de *centaine-de-mille* ou celui de *cent-mille*; on les représente par les caractères 1, 2, 3, ... 9, mais on les distingue des *dix-mille* en les plaçant à leur gauche. En voici le tableau:

Une centaine-de-mille ou cent-mille unités. 100 000,
deux centaines-de-mille ou deux-cent-mille. 200 000,
trois centaines-de-mille ou trois-cent-mille. 300 000,
⋮ ⋮
neuf centaines de-mille ou neuf-cent-mille. 900 000.

Ces unités avec celles des ordres inférieurs, donnent tous les nombres de six chiffres jusqu'au plus grand qui est 999 999.

En renfermant dix unités du sixième ordre, 10 *centaines-de-mille*, en une seule, on obtient une unité du septième ordre à laquelle on a donné le nom de *million;* on les représente par les mêmes caractères, mais on les distingue des précédentes en les plaçant à leur gauche. En voici le tableau:

Un million d'unités. . . . 1 000 000,
deux millions 2 000 000,
trois millions 3 000 000,
⋮ ⋮
neuf millions . . . . 9 000 000.

En y joignant les unités des ordres inférieurs on aura les nombres de sept chiffres jusqu'au plus grand qui est 9'999 999.

10. Enfin, en continuant de renfermer dix unités du dernier ordre en une seule, on obtient de nouvelles unités auxquelles on a donné des noms particuliers, que l'on verra ci-après; on les représente toujours par les mêmes caractères 1, 2, 3, ... 9, mais on les distingue les unes des autres en les plaçant dans des rangs de plus en plus

reculés vers la gauche. Voici le résumé de tout ce qui a été dit :

En partant de la droite d'un nombre et en allant vers la gauche, on a

Les unités,	les dixaines et les centaines ;
les mille,	les dixaines et les centaines de mille ;
les millions,	les dixaines et les centaines de millions ;
les billions,	les dixaines et les centaines de billions ;
les trillions,	les dixaines et les centaines de trillions ;
les quatrillions,	les dixaines et les centaines de quatrillions ;
les quintillions,	les dixaines et les centaines de quintillions ;
les sextillions,	les dixaines et les centaines de sextillions ;
etc.	

11. D'après ce tableau il est évident que pour énoncer un nombre de plusieurs chiffres, il faut le séparer en tranches de trois chiffres chacune, en allant de la droite vers la gauche ; la première tranche à droite sera celle des *unités*, la seconde celle des *mille*, la troisième celle des *millions*, la quatrième celle des *billions* (ou milliars), la cinquième celle des *trillions*, et ainsi de suite ; cela fait, en partant de la gauche, on énoncera chaque tranche comme si elle était seule et l'on donnera au dernier chiffre à droite le nom de son ordre qui est aussi celui de la tranche. Par exemple, pour énoncer le nombre

718466308,

on le séparera en trois tranches comme il suit,

718, 456, 308,

la première à droite 308 sera celle des *unités*,

la seconde à gauche 456 sera celle des *mille*, et la troisième 718 sera celle des *millions*; ensuite en partant de la tranche la plus à gauche, (qui pourrait d'ailleurs n'avoir qu'un seul chiffre) on dira :

718 millions, 456 mille, 308 unités, c'est-à-dire,

sept - cent - dix - huit millions

quatre - cent - cinquante - six mille

trois - cent - huit unités.

12. S'il fallait, au contraire, écrire un nombre sous la dictée ; on poserait, en partant de la gauche, les tranches à fur et mesure qu'on les énoncerait, en ayant soin d'en placer les chiffres significatifs selon leur ordre et de mettre des zéros pour tenir lieu des chiffres qui n'entreraient pas dans l'énoncé de chaque tranche. Par exemple, pour écrire le nombre

cinq millions dix - huit mille sept :

on remarquerait que la tranche des millions n'a que les unités, et comme elle est la première à gauche, on écrira seulement le chiffre 5, pour les 5 millions.

La tranche des mille n'est pas énoncée en entier ; les centaines y manquent : ainsi on mettra 018 mille.

Enfin la tranche des unités n'a qu'un seul chiffre significatif, les 7 unités; les dixaines et les centaines y sont omises : il faudra par conséquent l'écrire ainsi 007 unités.

Le nombre dicté sera donc représenté par

5018007.

Il en serait de même pour tous les autres nombres entiers imaginables.

13. Le système de numération que nous venons de développer, afin de le mettre plus à la portée des commençans, est regardé comme une des belles conceptions de l'esprit humain; il est bien supérieur, par sa simplicité, à celui des Grecs et des Romains.

Les premiers se servaient des lettres de leur alphabet accentuées; on n'en trouve plus l'emploi que dans leurs ouvrages. Les derniers faisaient aussi usage des lettres dans le leur; mais comme il est plus simple, on s'en sert encore aujourd'hui dans l'imprimerie pour indiquer l'année et d'autres nombres. En voici un abrégé :

Chiffres Romains.

	I,	II,	III,	IV,	V,	VI,	VII,	VIII,	IX et	X.
ou . .	j,	ij,	iij,	iv,	v,	vj,	vij,	viij,	ix et	x.
valeurs	1,	2,	3,	4,	5,	6,	7,	8,	9 et	10.

Le signe X de la dixaine, placé à la gauche des premiers nombres, donne ceux depuis dix jusqu'à vingt; les voici :

X,	XI,	XII,	XIII,	XIV,	XV,	XVI,	XVII,	XVIII,	XIX et	XX.
x,	xj,	xij,	xiij,	xiv,	xv,	xvj,	xvij,	xviij,	xix et	xx.
10,	11,	12,	13,	14,	15,	16,	17,	18,	19 et	20.

Le signe XX du nombre *vingt*, placé à la gauche des dix premiers caractères, donne les nombres depuis 20 jusqu'à 30, que l'on désigne par XXX; en mettant celui-ci à la gauche des premiers signes on obtient les nombres depuis 30 jusqu'à 40, lequel est représenté par XL, le signe L servant à marquer le nombre 50. La série des dixaines est facile à continuer en mettant le signe X, plusieurs fois de suite, à la droite de L, et cela jusqu'à cent que l'on marque par un C. La voici en entier:

	X,	XX,	XXX,	XL,	L,	LX,	LXX,	LXXX,	XC et	C.
val[rs].	10,	20,	30,	40,	50,	60,	70,	80,	90 et	100

Le D vaut 500 et l'M vaut 1000. La répétition du C donne autant de centaines; placé à la droite du D et de l'M, il ajoute autant de centaines à ces nombres; le D se place aussi à la droite d'M pour former 1500 et ensuite le C jusqu'à mille, pour lequel on met l'M. Voici ces nombres:

C,	CC,	CCC,	CCCC,	D,	DC,	DCC,	DCCC,	DCCCC	et M.
100,	200,	300,	400,	500,	600,	700,	800,	900	et 1000.

Le signe M, qui désigne mille unités, se répète; arrivé à cinq-mille, on se sert d'un autre signe qui est IↃↃ. Voici la série des mille:

	M,	MM,	MMM,	MMMM,	IↃↃ,	IↃↃↃ.
valeurs	1000,	2000,	3000,	4000,	5000,	6000.

L'usage en serait pénible dans les calculs; mais pour écrire des nombres il n'y a aucune difficulté;

par exemple, pour écrire l'année actuelle mil-huit-cent-douze, il faudrait prendre l'M pour mille, DCCC pour 800, et XII pour 12; de sorte que l'on aurait

M. DCCC. XII.

Le millésime des médailles, et sur-tout des monnaies, étant en chiffres romains, il faut au moins se mettre en état de les lire.

Des Opérations de l'Arithmétique.

14. Les quatre opérations fondamentales de l'arithmétique, sont l'Addition, la Soustraction, la Multiplication et la Division. Toutes les questions que l'on peut proposer sur les nombres, se réduisent à exécuter quelques-unes de ces opérations et quelquefois toutes ces opérations ensemble, il est donc très-important de se les rendre familières et sur-tout d'en bien saisir l'esprit.

De l'Addition.

15. *L'addition est une opération par laquelle on réunit plusieurs nombres en un seul, qu'on appelle somme.*

Par exemple, lorsqu'on ajoute ensemble les deux nombres 7 et 8, le résultat 15 s'appelle leur somme.

16. Pour faire l'addition de plusieurs nombres donnés, il faut les écrire les uns au-dessous des

autres, mais de manière que les unités d'une même espèce se correspondent ; c'est-à-dire, que les unités soient sous les unités, les dixaines sous les dixaines, les centaines sous les centaines, etc. jusqu'aux unités de l'ordre le plus élevé que l'on met aussi en colonne. Cela posé, puisque dix unités composent une dixaine, que dix dixaines composent une centaine, etc., enfin que dix unités d'un ordre quelconque forment une unité de l'ordre immédiatement à gauche ; il est facile de voir qu'il faut commencer par la première colonne à droite, par celle des unités, et en faire une somme ; si cette somme ne passe pas 9, on l'écrira au-dessous ; si au contraire elle passe 9, elle contiendra alors des dixaines et des unités ; il faudra écrire les unités à leur colonne et retenir les dixaines pour les porter, comme unités, à la colonne á gauche, qui est du même ordre.

Il faut ensuite faire une somme des dixaines, y joindre celles qu'on a retenues, si cette somme ne passe pas 9, il faudra l'écrire au-dessous ; mais si elle surpasse le nombre 9, elle contiendra alors des dixaines et des unités ; ces unités-ci étant de l'ordre des dixaines, on les écrira au-dessous de leur colonne ; quant aux dixaines de dixaines, lesquelles expriment autant de centaines, on les portera à la colonne des centaines et comme unités de cet ordre.

Enfin l'on continuera ainsi de colonne en colonne

lonne jusqu'à la dernière à gauche où l'on écrira la somme telle qu'on la trouvera. Avant de passer aux exemples, il sera indispensable d'apprendre par cœur la table suivante :

Table d'Addition.

1	et	1	font	2
1	—	2	—	3
1	—	3	—	4
1	—	4	—	5
1	—	5	—	6
1	—	6	—	7
1	—	7	—	8
1	—	8	—	9
1	—	9	—	10
2	et	2	font	4
2	—	3	—	5
2	—	4	—	6
2	—	5	—	7
2	—	6	—	8
2	—	7	—	9
2	—	8	—	10
2	—	9	—	11
3	et	3	font	6
3	—	4	—	7
3	—	5	—	8
3	—	6	—	9
3	—	7	—	10
3	—	8	—	11
3	—	9	—	12
4	et	4	font	8
4	—	5	—	9
4	—	6	—	10
4	—	7	—	11
4	—	8	—	12
4	—	9	—	13
5	et	5	font	10
5	—	6	—	11
5	—	7	—	12
5	—	8	—	13
5	—	9	—	14
6	et	6	font	12
6	—	7	—	13
6	—	8	—	14
6	—	9	—	15
7	et	7	font	14
7	—	8	—	15
7	—	9	—	16
8	et	8	font	16
8	—	9	—	17
9	et	9	font	18

Nota. Pour faire apprendre cette table à un enfant qui n'a jamais calculé, il faut lui faire dire :

1 et 2 ou 2 et 1 font 3.
4 et 5 ou 5 et 4 font 9.
7 et 9 ou 9 et 7 font 16.

Cette connaissance préalable des sommes des neuf premiers caractères, pris deux à deux, lui donnera une très-grande aptitude pour faire l'addition et les autres opérations qui la supposent.

17. Nous allons donner quelques exemples de l'addition des nombres entiers, et les moyens d'avoir, en peu de temps, une grande facilité.

Exemple Ier.

ajouter . . 123456789
à . . . . . 123456789.

somme . . 246913578.

Pour la faire, on ajoute 9 et 9, ce qui donne 18 pour somme; et comme elle renferme une dixaine et 8 unités, on pose au dessous les 8 unités, et l'on retient la dixaine pour la porter à la colonne des dixaines.

Passant à la seconde colonne, celle des dixaines, on dit : 8 et 8 font 16 dixaines, et 1 de retenue font 17; ou bien, ce qui est plus commode, 1 et 8 font 9, et 8 font 17; on pose le

7 à la colonne des dixaines et l'on retient les 10 dixaines ou 1 centaine, que l'on porte à la colonne à gauche.

Enfin, on opère ainsi de colonne en colonne, et à la dernière on écrit la somme 2, telle qu'on la trouve.

Exemple II.

	123456789
	123456789
	123456789.
somme . .	370370367.

Pour la faire, on dit : 9 et 9 font 18, et 9 font 27; on pose les 7 unités, au-dessous de la barre et à leur colonne, et l'on retient les 2 dixaines pour les porter à la seconde colonne, sur laquelle on opère ainsi : 2 et 8 font 10, et 8 font 18, et 8 font 26; on pose le 6 à la colonne des dixaines, et l'on retient les 20 dixaines ou 2 centaines pour les porter à la colonne à gauche, qui renferme des unités de cet ordre. Enfin on opère de la même manière, de colonne en colonne, jusqu'à la dernière à gauche où l'on écrit la somme 3, telle qu'on la trouve.

Remarque.

18. L'enfant, dans le principe, aura beaucoup de peine à trouver d'emblée la somme des nom-

bres 18 et 9; mais pour lui faire surmonter cette difficulté, il faut lui montrer que dans le nombre 18, on peut ne porter son attention que sur les 8 unités, les ajouter aux 9, ce qui donnera 17 pour somme, et comme elle renferme 7 unités et 10 unités, ou une dixaine, en ajoutant alors ces 10 unités-ci aux 10 négligées, on aura 20 unités à joindre enfin aux 7, ce qui donnera en tout 27 unités. En un mot, on doit ajouter les unités des deux nombres et réunir les dixaines de la somme à celles du premier nombre, que l'on a négligées.

Pour ajouter 27 à 9, par exemple, il faut dire: 7 et 9 font 16, et 20 font 36; celle-ci s'obtient facilement en réunissant les 20 unités du premier nombre aux 10, de la somme des unités, ce qui en donne 30, ou 3 dixaines, que l'on joint enfin aux 6 unités que l'on a; mais cette opération-ci consiste seulement dans l'énoncé des deux, puisqu'ils sont de différens ordres.

19. Cette opération, qu'il faut faire très-vîte et de mémoire, paraît pénible aux enfans, et ils n'y parviennent que par l'exercice. Voici, je crois, pour l'enfant, un moyen sûr et prompt d'y parvenir, sachant bien, d'ailleurs, la table d'addition.

Faites-lui former des progressions ou suites de nombres qui aient entr'eux une différence donnée, et dont le premier terme soit l'un des neuf premiers nombres. Par exemple, qu'il s'agisse de former la suite dont le premier terme serait 1 et la différence 1 ?

Il faut dire : 1 et 1 font 2, et 1 font 3, et 1 font 4, et 1 font 5, etc. Si, le premier terme étant toujours 1, les différences étaient les nombres 1, 2, 3... 9, on dirait :

1 et 2 font 3, et 2 font 5, et 2 font 7, et 2 font 9, etc.
1 et 3 font 4, et 3 font 7, et 3 font 10, et 3 font 13, etc.
1 et 4 font 5, et 4 font 9, et 4 font 13, et 4 font 17, etc.
1 et 5 font 6, et 5 font 11, et 5 font 16, et 5 font 21, etc.
⋮
1 et 9 font 10, et 9 font 19, et 9 font 28, et 9 font 37, etc.

Il sera bon que l'enfant les pousse au-delà de cent, pour l'obliger à l'attention. On pourra varier en prenant pour premier terme les nombres 2, 3, 4, 5, 6, 7, 8 et 9, et les mêmes nombres pour différences respectives.

Quand aux additions à faire, donnez-lui 4, 5, 6, 7, 8 et 9 lignes de nombres à sommer, mais toujours égaux à 123456789. Dès qu'il les fera en se jouant, faites-lui remarquer que, dans le premier exemple, on ajoute deux nombres égaux à 9, deux à 8, deux à 7, etc., qu'ainsi il sait déjà que 2 fois 9 font 18, que 2 fois 8 font 16, etc., et qu'en portant son attention sur les autres, il acquerra la connaissance des produits des neuf premiers nombres, pris deux à deux, et se convaincra d'avance de la vérité de la *table de Pythagore* que nous donnerons en son lieu.

Dès qu'il fera couramment ces sortes d'additions, on lui donnera à faire les opérations suivantes, d'abord en commençant de haut en bas, comme d'ordinaire, et ensuite de bas en haut, ce qui en sera une espèce de preuve.

	4780956		671895423
	3497677		54971824
	2304789		340156708
	6755471		6715698
	7840918		49167876
	6732143		135748003
somme .	31911954	somme .	1258655532

En commençant la première, par exemple, de bas en haut, on dira :
3 et 8 font 11, et 1 font 12, et 9 font 21, et 7 font 28, et 6 font 34 ; on écrira les 4 unités, et l'on retiendra les 3 dixaines pour les porter à la colonne à gauche, en partant du 4. On opérera de même sur les autres colonnes. Tous ces moyens tendent au même but, celui d'exercer sans ennui, et de donner une très-grande facilité pour le calcul.

De la Soustraction.

20. *La soustraction est une opération dont le but est de trouver de combien un nombre en surpasse un autre ; le résultat s'appelle* reste, excès *ou* différence.

Par exemple, 8 surpasse 5 de 3 ; ce résultat 3 est le reste, ou l'excès de 8 sur 5, ou la différence entre 8 et 5.

En y pensant un peu, on voit bientôt que cette opération est ramenée à l'addition ; car le résultat cherché n'est autre chose que le nombre qui, ajouté au petit 5, donnerait le plus grand nombre 8 pour somme. La table d'addition suffit pour cette opération-ci ; néanmoins nous donnerons la table suivante, qui aidera beaucoup l'élève, s'il n'a jamais calculé.

Table de Soustraction.

ôté				
9	de	9	reste	0
8	de	9	reste	1
7	—	9	—	2
6	—	9	—	3
5	—	9	—	4
4	—	9	—	5
3	—	9	—	6
2	—	9	—	7
1	—	9	—	8
0	—	9	—	9
8	de	8	reste	0
7	—	8	—	1
6	—	8	—	2
5	—	8	—	3
4	—	8	—	4
3	—	8	—	5
2	—	8	—	6
1	—	8	—	7
0	—	8	—	8
7	de	7	reste	0
6	—	7	—	1
5	—	7	—	2
4	—	7	—	3
3	—	7	—	4
2	—	7	—	5
1	—	7	—	6
0	—	7	—	7

Nota. Au lieu de dire : 8 ôté de 9, reste 1, on peut dire, pour abréger, 8 de 9, reste 1 ; et ainsi des autres.

ôté				
6	de	6	reste	0
5	de	6	reste	1
4	—	6	—	2
3	—	6	—	3
2	—	6	—	4
1	—	6	—	5
0	—	6	—	6
5	de	5	reste	0
4	—	5	—	1
3	—	5	—	2
2	—	5	—	3
1	—	5	—	4
0	—	5	—	5
4	de	4	reste	0
3	—	4	—	1
2	—	4	—	2
1	—	4	—	3
0	—	4	—	4
3	de	3	reste	0
2	—	3	—	1
1	—	3	—	2
0	—	3	—	3
2	de	2	reste	0
1	—	2	—	1
0	—	2	—	2
1	de	1	reste	0
0	—	1	—	1
0	de	0	reste	0

21. Pour faire la soustraction, il faut écrire le plus petit des deux nombres sous le plus grand, de manière que les unités de même espèce soient en colonne, et souligner le tout; ensuite, commençant par la droite, il faut soustraire chaque chiffre inférieur de son correspondant, et écrire les restes au-dessous.

Exemple Ier.

	467839867
	234715623
reste . .	233124244.

Pour la faire, on dit : 3 de 7, reste 4, que l'on pose au-dessous; 2 de 6, reste 4; 6 de 8, reste 2; 5 de 9, reste 4; et ainsi pour tous les autres, en écrivant au-dessous les restes successifs, à fur et mesure qu'on les trouve.

22. Mais il pourrait arriver que le chiffre inférieur fût plus grand que le supérieur; alors il faudrait emprunter sur le chiffre à gauche une unité, qui vaudrait dix des unités du chiffre supérieur, joindre ces 10 unités à ce chiffre, et de la somme retrancher le chiffre inférieur. Lorsqu'on sera parvenu au chiffre à gauche, sur lequel on aura fait un emprunt, on le comptera pour une unité de moins, et l'on en retranchera l'inférieur.

On peut encore, dans ce cas-ci, parvenir au

même résultat, par un autre moyen que voici : on ajoute au chiffre inférieur l'unité empruntée, et l'on soustrait la somme du chiffre supérieur qui lui correspond.

Exemple II.

	56784236
	15679129
reste . .	41105107.

Comme on ne peut soustraire 9 de 6, il faut emprunter une unité sur le chiffre à gauche 3, qui vaut 10 des unités du 6, pour lesquelles on fait l'emprunt, joindre ces 10 unités au 6, et de la somme 16 retrancher les 9 unités, ce qui donnera le reste 7, que l'on écrira au-dessous.

Passant à la seconde colonne, au lieu de soustraire 2 de 3, on soustrait 2 de 2, en diminuant d'une unité le chiffre supérieur 3, et l'on écrit le reste zéro au-dessous. On pourrait encore augmenter le chiffre inférieur 2, de l'unité empruntée, et soustraire la somme 3 du chiffre supérieur, ce qui donnerait également zéro pour reste. Continuant l'opération, on dira : 1 de 2, reste 1 ; 9 de 14, reste 5 ; 7 de 7, reste 0 ; 6 de 7, reste 1 ; 5 de 6, reste 1 ; et enfin 1 de 5, reste 4.

23. Si le chiffre sur lequel on veut emprunter était un zéro, on opérerait de la manière suivante :

504
269

reste . . 235.

Ici le 9 ne peut être soustrait de 4, on emprunte alors, non sur le zéro, ce qui ne se peut, mais sur le chiffre significatif 5 à gauche, une unité, qui vaut 100 unités du 4, ou 10 dixaines, on prend une dixaine sur ces dix, et l'on écrit les 9 autres sur le zéro. Ensuite on ajoute cette dixaine aux 4 unités, de la somme 14 on retranche le nombre 9, et l'on écrit le reste 5 au-dessous. Passant aux colonnes à gauche, on soustrait 6 de 9, puisque le zéro, compte pour 9, ce qui donne 3 de reste; 2 de 4, en diminuant d'une unité le 5, sur lequel on a fait l'emprunt, et l'on pose au-dessous le reste 2.

On peut encore ajouter une unité au chiffre inférieur 2, et soustraire la somme 3 du chiffre supérieur pris en entier; car étant par-là augmentés l'un et l'autre d'une unité, leur différence sera évidemment la même.

24. Si l'on avait deux zéros intermédiaires, comme dans l'exemple suivant.

7004
3787

reste . . 3217.

on emprunterait sur le 7 une unité qui vaudrait 1000 unités du 4, ou 100 dixaines, et comme il n'en faut qu'une pour ajouter à 4, il en restera 99, ou bien 9 dixaines et 9 centaines, ce qui reviendra, comme précédemment, à compter les zéros interposés pour autant de 9.

Ensuite on dira : 7 de 14, reste 7 ; 8 de 9, reste 1 ; 7 de 9, reste 2 ; et 3 de 6, reste 3.

25. S'il y avait trois zéros intermédiaires, l'unité empruntée vaudrait 10000 unités ou 1000 dixaines, à l'égard du chiffre pour lequel on emprunte, et comme il n'en faut jamais qu'une seule pour l'opération que l'on a envie de faire, il en resterait 999, ou 9 dixaines, 9 centaines et 9 mille. Enfin l'analogie met en droit de conclure qu'après l'emprunt, les zéros intermédiaires, c'est-à-dire, ceux renfermés entre le chiffre sur lequel on emprunte et le chiffre pour lequel on fait cet emprunt, doivent être regardés comme autant de 9. Voici un exemple qui renferme tous les cas :

	400005000600703
	256748518961851
reste . .	143256481638852.

Pour la faire, il faut opérer ainsi : 1 de 3, reste 2 ; 5 de 10, (en empruntant une unité sur le 7,) reste 5 ; 8 de 16, (en empruntant sur le 6), reste 1, ou 9 de 17, reste 1; 1 de 9, reste 8; 6 de 9, reste 3; 9 de 15, reste 6; 8 de 9, reste 1; 1 de 9, reste 8; 5 de 9, reste 4; 8 de 14, reste 6; 4 de 9, reste 5; 7 de 9, reste 2; 6 de 9, reste 3; 5 de 9, reste 4; et enfin 2 de 3, reste 1.

Les chiffres supérieurs 7, 6, 5 et 4 sur lesquels on a emprunté, doivent être comptés pour une unité de moins; ainsi l'on doit soustraire 8 de 16, 9 de 15, 8 de 14 et 2 de 3, et écrire les restes 8, 6, 6 et 1 au-dessous. On peut aussi les laisser tels qu'ils sont, mais ajouter une unité aux chiffres inférieurs, c'est-à-dire, qu'alors il faut soustraire 9, de 17, 10 de 16, 9 de 15 et 3 de 4, ce qui donnera les mêmes restes.

Preuve de la Soustraction.

26. Puisque le reste, ou la différence, est ce qui manque au plus petit des deux nombres pour avoir le plus grand, en faisant une somme du plus petit nombre soustrait et du reste trouvé, on aura pour résultat le plus grand, si l'opération a été bien faite. En voici une application à l'exemple précédent :

le plus petit nombre est . . .	2567485189 61851
le reste à ajouter	1432564816 38852
som. ou plus gr. des nombres.	400005000600703.

Preuve de l'Addition.

27. L'Addition est susceptible d'une preuve assez curieuse pour être rapportée; d'ailleurs, en la faisant, on s'exerce à faire des additions, et c'est peut-être le plus grand avantage de cette vérification. La voici:

En commençant par la première colonne à gauche, on fait une somme des unités qui s'y trouvent, et l'on soustrait le résultat de la somme inférieure qui lui correspond; s'il y a un reste, on le considère comme dixaines du chiffre à droite de la somme primitive à vérifier, on l'y joint d'après l'ordre établi par la numération, et l'on soustrait de ce nombre la somme des unités de la seconde colonne; le reste que l'on obtient étant toujours regardé comme dixaines du chiffre à droite, pris dans la somme primitive, on les joint à ce chiffre, et de ce nombre on retranche la somme des unités de la troisième colonne; on continue ainsi jusqu'à la première colonne à droite, où l'on doit trouver zéro pour reste. Car, en réfléchissant à la première opération, où l'on porte les dixaines retenues sur les colonnes à gauche, on verra que, dans celle-ci, les sommes se faisant de gauche à droite, les restes doivent être ces mêmes dixaines reversées; et comme à la première colonne il n'y a eu aucune unité ajoutée, le reste doit y être égal à zéro. L'exemple suivant eclaircira cette description :

```
              132
            -----
             8178
             4967
             7479
             8292
            ------
somme . .   28916.
            ------
preuve . .   1320.
            ------
```

Nota. Les chiffres placés au-dessus de la barre, sont les dixaines reversées qui ne sont mises-là que pour l'intelligence de cette preuve.

En partant de la gauche, on fait une somme des unités de la première colonne, ce qui donne 27; on retranche cette somme 27 de 28, et l'on a 1 pour reste : c'est la dixaine portée sur cette même colonne lors de la première opération.

On fait une somme des unités de la seconde colonne, ce qui donne 16, on la retranche de 19 et l'on obtient le reste 3 : ce sont les 3 dixaines portées en premier lieu sur cette colonne.

La somme des unités de l'avant-dernière colonne est 29, en la soustrayant de 31, on a 2 pour reste.

Ce 2 étant les dixaines reversées sur la seconde colonne, lors de la première opération, en les joignant aux 6 unités qui se trouvent au-dessous de la dernière colonne, on aura 26 pour la somme des unités ; donc en faisant la somme des nombres de la dernière colonne à droite, on devra retrouver cette même somme 26, et par-là avoir zéro pour reste.

On pourrait encore donner pour raison, que les restes trouvés 1, 3 et 2, étant nécessairement les dixaines reversées lors de l'addition, par cette manière d'opérer, on retranche les mille des mille, les centaines des centaines, les dixaines des dixaines, et, enfin, les unités des unités, ce qui ne peut manquer de donner zéro pour résultat final, si l'addition a été bien faite.

De la Multiplication.

28. *La multiplication est une opération par laquelle on répète un nombre autant de fois qu'il y a d'unités dans un autre nombre, ou bien, l'on réunit autant de nombres égaux à l'un des nombres donnés qu'il y a d'unités dans l'autre.*

Le nombre que l'on multiplie s'appelle *multiplicande*, celui par lequel on multiplie s'appelle *multiplicateur*, et le résultat de l'opération se nomme *produit*. Les nombres multipliés l'un par l'autre sont dits encore les *facteurs* du produit.

Multiplier, par exemple, 8 par 7, revient à prendre 8, autant de fois qu'il y a d'unités dans 7, ou bien à faire une somme de 7 nombres égaux

à

à 8, ce qui donne 56, pour résultat, ou pour le produit des facteurs 8 et 7.

Comme il est très-important d'avoir l'esprit de cette opération, voici un exemple plus compliqué.

29. Soit proposé de multiplier 4578 par 3 ; puisque c'est prendre ce nombre 3 fois, ou faire une somme de trois nombres égaux au nombre proposé 4578, on parviendra au résultat de la manière suivante :

4578
4578
4578

somme . . 13734 ; c'est le produit.

La somme des trois nombres égaux à 8, ou 3 fois 8, donne 24, laquelle renferme 4 unités et 2 dixaines ; il faut écrire les 4 unités à la colonne des unités, et retenir les 2 dixaines.

La somme des trois nombres égaux à 7, ou 3 fois 7, donne 21, à laquelle il faut joindre les 2 dixaines retenues, et l'on aura en tout 23 dixaines, ou 3 dixaines et 2 centaines ; on posera les 3 dixaines à leur colonne, et l'on retiendra les 2 centaines.

La somme des 3 nombres égaux à 5, ou 3 fois 5, donne 15 ; en y ajoutant les 2 centaines retenues, on aura en tout 17 centaines, ou 7 centaines et 1 mille ; on posera les 7 centaines à leur colonne, et l'on retiendra le mille pour le résultat suivant.

Enfin la somme des 3 nombres égaux à 4, ou 3 fois 4, donne 12, et en y joignant l'unité retenue, provenant de la somme précédente, on aura 13 mille que l'on écrira en entier, mettant le 3 sous la colonne des mille, et la dixaine à la gauche, ou au rang des dix-mille.

30. Pour porter l'élève, s'il est fort jeune, à généraliser ses idées sur cette opération, il faut lui donner à multiplier le même nombre 4578 par les nombres 4, 5, 6, 7, 8 et 9, et sur-tout, après chaque addition des chiffres d'une même colonne, lui faire remarquer qu'il répète 8 quatre fois, 7 quatre fois, 5 quatre fois, etc., et qu'à chaque résultat il ajoute les dixaines de la somme précédente; que les mêmes nombres 8, 7, 5 et 4, composant le multiplicande 4578, sont multipliés, successivement, par 5, lorsque le multiplicateur est 5, par 6, lorsqu'il est 6, et, enfin, par 7, 8 et 9, lorsqu'il est 7, 8 et 9.

Delà il sentira l'avantage de savoir de mémoire les produits des nombres 1, 2, 3, 4, 5, 6, 7, 8 et 9, pris deux à deux, puisque toute multiplication est ramenée à cela. Ces produits forment une *table*, qui est due à *Pythagore*; la voici:

Table de Multiplication.

2 fois 2 font 4
2 — 3 — 6
2 — 4 — 8
2 — 5 — 10
2 — 6 — 12
2 — 7 — 14
2 — 8 — 16
2 — 9 — 18

3 fois 3 font 9
3 — 4 — 12
3 — 5 — 15
3 — 6 — 18
3 — 7 — 21
3 — 8 — 24
3 — 9 — 27

4 fois 4 font 16
4 — 5 — 20
4 — 6 — 24
4 — 7 — 28
4 — 8 — 32
4 — 9 — 36

5 fois 5 font 25
5 — 6 — 30
5 — 7 — 35
5 — 8 — 40
5 — 9 — 45

6 fois 6 font 36
6 — 7 — 42
6 — 8 — 48
6 — 9 — 54

7 fois 7 font 49
7 — 8 — 56
7 — 9 — 63

8 fois 8 font 64
8 — 9 — 72

9 fois 9 font 81

31. L'usage de cette table abrège beaucoup l'opération, en faisant éviter de faire l'addition de plusieurs nombres égaux, ce qui est fort long. En voici un exemple détaillé qui servira de modèle pour toutes les opérations semblables.

Soit proposé de multiplier le nombre 123456789 par 7.

	12334566 dixaines retenues.
multiplicande . .	123456789
multiplicateur.	7
produit . .	864197523.

En commençant par la droite, on dit : 7 fois 9 font 63 ; on pose les 3 unités, et l'on retient les 6 dixaines ; ensuite, 7 fois 8 font 56, et 6 font 62 dixaines ; on pose les 2 dixaines, et l'on retient les 6 centaines ; 7 fois 7 font 49, et 6 font 55 centaines ; on pose les 5 centaines, et l'on retient les 5 mille pour les ajouter au produit suivant de 6 par 7 ; on continue de la même manière jusqu'au produit de 1 par 7, auquel on ajoute la dixaine du produit précédent, et l'on écrit le résultat 8 à la gauche du 6.

Chaque produit étant de l'ordre du chiffre du multiplicande sur lequel on opère, les dixaines qu'il contient sont alors de l'ordre immédiatement supérieur ; c'est pourquoi on les traite comme unités du produit suivant.

Pour acquérir de la facilité, on multipliera le même nombre 123456789 par les nombres 2, 3, 4, 5, 6, 7, 8 et 9, mais sans écrire les dixaines au-dessus, ce qui serait une très-mauvaise habitude.

32. Dans la numération on a vu que tout chiffre placé à la gauche d'un autre ou d'un zéro, exprime des unités dix fois plus fortes que cet autre ; que placé deux rangs vers la gauche, il exprime des unités cent fois plus fortes ; que placé trois rangs vers la gauche, il exprime des unités mille fois plus fortes, etc. Donc pour rendre un nombre dix, cent, ou mille fois plus grand, etc., ou pour le multiplier par 10, 100, ou 1000, etc., il faudra mettre un, deux, ou trois zéros, etc., à sa droite.

Par exemple, pour multiplier 5 par 10, il faudrait mettre un zéro à la droite de ce chiffre, et l'on aurait 50 pour le produit.

En effet, ce serait répéter 5, 10 fois, ou faire la somme de 10 nombres égaux à 5 ; or chaque unité du 5 serait prise 10 fois ; elle vaudrait parlà une dixaine ; donc les 5 unités vaudraient 5 dixaines, ou 50 unités. Si le multiplicateur était 100 ou 1000, chaque unité serait prise 100 fois ou 1000 fois, et donnerait au résultat 1 centaine ou 1 mille ; les 5 donneraient donc 5 centaines, ou 5 mille, que l'on représente par 500 et 5000, selon l'ordre du multiplicateur. Il en serait de même pour tout autre nombre, de 57 par exemple.

33. Mais si l'on avait à multiplier le nombre 57 par 20, ou par 10 plus 10, il faudrait d'abord le multiplier par la première partie 10 du multiplicateur, ce qui donnerait 57 dixaines ou 570, et y joindre le même produit 570, qui résulte de

la multiplication de 57 par la seconde partie 10 de ce multiplicateur, comme :

$$\begin{array}{r} 57 \\ 10 + 10 \\ \hline 570 + 570 \end{array}$$

somme ou produit . . 1140.

Le résultat serait donc 1140; car 114 est le double de 57, et, en outre, il exprime des dixaines.

34. Si le multiplicateur était 300, on pourrait le décomposer en 100 plus 100 plus 100; or le produit de 57 par la première partie 100 du multiplicateur donnerait 57 centaines ou 5700 (32); et comme on aurait le même résultat pour chacune des deux autres parties, la totalité ou le produit cherché serait

$$\begin{array}{r} 5700 \\ 5700 \\ 5700 \\ \hline 17100. \end{array}$$

17100, dans lequel 171, qui est le triple de 57, serait de l'ordre des centaines.

D'où l'on voit, enfin, que, si le multiplicateur avait des zéros à sa droite, il faudrait multiplier d'abord par les chiffres significatifs, et mettre ensuite, à la droite du produit, le même nombre de zéros; ce qui reviendrait à lui faire exprimer des unités du même ordre.

35. Si le multiplicande avait des zéros, le produit serait aussi du même ordre.

Car on doit ajouter autant de nombres égaux au multiplicande qu'il y a d'unités dans le multiplicateur; or, dans l'addition, les unités de chaque espèce sont maintenues dans leur ordre; donc les zéros se trouveraient encore dans la somme, ou à la suite du produit des chiffres significatifs. Par exemple, si l'on voulait multiplier 16000 par 3, on aurait

$$\begin{array}{r} 16000 \\ 16000 \\ 16000 \\ \hline \text{somme} \ldots 48000. \end{array}$$

48000 pour le produit; or 48 résulte de 16 multiplié par 3, et il exprime des mille.

36. Concluons delà, en général, que, lorsque les deux facteurs ont des zéros à leur droite, il faut multiplier les chiffres significatifs entr'eux, sans faire attention aux zéros, et ensuite les mettre tous à la droite du produit.

37. Tous ces préliminaires bien conçus, passons à la multiplication de deux nombres quelconques.

Soit à multiplier le nombre 4789 par 234. Au lieu de faire la somme de 234 nombres égaux à 4789, ce qui serait d'une longueur rebutante, il faudrait multiplier ce nombre par 4 unités, comme on l'a vu (31), et l'on aurait des unités au résultat; ensuite par 30, ou par 3 seulement, mais en faisant exprimer des dixaines au produit (36); et enfin par 200, ou par 2 seulement, en faisant exprimer des centaines au produit. Cela fait, après avoir placé les produits partiels, trouvés de cette manière, les uns au-dessous des autres, il faudrait les réunir, et la somme serait le produit cherché. Voici l'opération :

multiplier . .	4789
par	234
	19156
	143670
	957800
produit . .	1120626.

Pour former le premier produit partiel, celui de 4789 multiplié par 4,

On multiplie 9 par 4, ce qui donne 36 pour produit; on pose les 6 unités, et l'on retient les 3 dixaines; on multiplie 8 par 4, au produit 32 on ajoute les 3 dixaines retenues, et l'on a 35 dixaines; on pose les 5 dixaines à la gauche du 6, et l'on retient les 3 dixaines de cet ordre, qui sont 3 centaines; on multiplie 7 par 4, au produit 28 on ajoute les 3 centaines retenues, et l'on a 31 centaines; on pose la centaine à la gauche du 5, et l'on retient les dixaines de cet ordre, ou les 3 mille; enfin, on multiplie 4 par 4, au produit

16 mille on ajoute les 3 unités du même ordre que l'on a retenues, et l'on écrit en entier la somme 19 à la gauche du chiffre 1. Le premier produit partiel sera donc 19156.

Pour former le second produit partiel, celui de 4789 multiplié par 3, on dira :

3 fois 9 font 27 ; mais comme le multiplicateur 3 est de l'ordre des dixaines, le produit 27 sera aussi du même ordre ; on posera donc le 7 au rang des dixaines, et l'on retiendra les 2 dixaines ; ensuite, 3 fois 8 font 24, et 2 font 26 ; on posera le 6 à la gauche du 7, et l'on retiendra les 2 dixaines ; 3 fois 7 font 21, et 2 font 23 ; on posera le 3 à la gauche du 6, et l'on retiendra les 2 dixaines ; enfin 3 fois 4 font 12, et 2 font 14, que l'on écrira en entier à la gauche du 3. La totalité donnera 143670 pour le second produit partiel.

On multipliera de la même manière le nombre 4789 par 2, mais on fera exprimer des centaines au produit trouvé, ce qui donnera 957800 pour le troisième produit partiel. Enfin, on additionnera ces trois résultats, comme à l'ordinaire, et l'on aura le produit total.

38. Chaque chiffre du multiplicateur donnant un produit partiel du même ordre que lui (36), il est clair que, s'il renfermait des zéros, il ne faudrait multiplier que par les chiffres significatifs ; par exemple, si l'on avait 86 à multiplier par 600402, on s'y prendrait comme ci-après :

```
       86
   600402
   ------
      172
     3440
   51600
   ------
```
produit . . 51634572.

Pour faire cette opération, on multipliera tout le multiplicande 86 par 2 : le produit 172 sera de l'ordre des unités ; ensuite par 4, en passant le zéro : le produit 344 sera de l'ordre des centaines ; enfin par 6, en passant les deux zéros, et le produit 516 sera de l'ordre des cent-mille. En un mot, chaque produit partiel étant nécessairement de l'ordre du chiffre employé du multiplicateur, il suffira d'en placer les unités dans la colonne de ce même chiffre.

39. De tout ce qu'on vient de dire, il résulte que, *pour multiplier deux nombres entiers l'un par l'autre, il faut multiplier tout le multiplicande par les unités du multiplicateur, ensuite par les dixaines, les centaines, les mille, etc., avoir soin d'écrire les différens produits partiels les uns au-dessous des autres, à fur et mesure qu'on les forme, et de les placer dans des rangs de plus en plus reculés vers la gauche ; enfin, il faut réunir tous les produits partiels, ce qui donnera le produit cherché.*

De la Division.

40. *La division est une opération par laquelle on trouve combien de fois un nombre en contient un autre.*

Le nombre que l'on divise s'appelle *dividende*, celui par lequel on divise s'appelle *diviseur*, et le résultat de l'opération, ou bien, le nombre de fois que le diviseur est contenu dans le dividende, s'appelle *quotient*.

41. Puisque cette opération consiste à trouver combien de fois un nombre est contenu dans un autre, on pourrait y parvenir en soustrayant le diviseur du dividende autant de fois que possible, et le nombre de soustractions successives serait la valeur du quotient cherché.

Par exemple, pour diviser 12 par 4, on peut soustraire 4 de 12, ce qui donnera 8 pour reste; soustraire 4 de ce reste 8, et l'on aura 4 pour reste; enfin, soustraire le même nombre 4 de ce reste 4, et l'on aura zéro pour reste. D'où l'on peut conclure, qu'ayant fait trois soustractions consécutives pour arriver au reste zéro, le nombre 4 est contenu 3 fois dans le nombre 12; c'est ce dernier nombre 3 que l'on appelle le quotient de 12 divisé par 4.

42. Cette manière de trouver le quotient est trop longue, et l'on sent qu'en s'aidant de la table de

Pythagore, on arrivera au même but plus promptement ; ici l'on voit, dès le prime abord, que le quotient est 3, puisque par la table on sait que 3 fois 4 font 12.

43. Si au lieu de 12, on avait à diviser 12 dixaines ou 120, par 4, on trouverait 30 pour quotient. Car ici l'on aurait 10 nombres égaux à 12, à diviser par 4 ; or chaque dividende 12 donne le même quotient 3 : donc les 10 donneront 10 quotiens égaux à 3, et par conséquent 30 ; c'est-à-dire, que le quotient est de l'ordre du dividende.

44. Cette conclusion, que l'on doit ériger en principe, est tellement importante pour concevoir la manière de faire la division, que nous croyons devoir en faciliter l'intelligence par l'exemple suivant :

Soit à diviser 10 fois 12, ou 120 par 4 ; puisque 10 fois 12 équivalent à la somme de 10 nombres égaux à 12, on pourra soustraire (41) le diviseur 4 de chaque dividende 12 autant de fois que possible, et par le nombre de soustractions successives on déterminera la valeur de chaque quotient ; de sorte qu'en réunissant ces dix quotiens, on obtiendra le nombre de fois que 4 est contenu dans 120. Voici le tableau de ces opérations :

De 12 plus 12 plus, etc., ou bien, en adoptant le signe + pour indiquer l'addition (*voyez la table des matières*),

de	12+	12+	12+	12+	12+	12+	12+	12+	12+	12
ôtant le diviseur. . . .	4	4	4	4	4	4	4	4	4	4
il restera	8	8	8	8	8	8	8	8	8	8
ôtant le diviseur. . . .	4	4	4	4	4	4	4	4	4	4
il restera	4	4	4	4	4	4	4	4	4	4
ôtant le diviseur. . . .	4	4	4	4	4	4	4	4	4	4
il restera	0	0	0	0	0	0	0	0	0	0

Donc, puisqu'il a fallu faire trois soustractions successives sur chaque dividende partiel 12, on aura pour chacun d'eux 3 unités pour quotient; mais on a 10 de ces quotiens, donc le quotient total sera décuple du premier 3, c'est-à dire, qu'il sera égal à 30, ou de l'ordre des dixaines, comme le dividende.

45. Si l'on avait 12 centaines, ou 1200, à diviser par 4, on trouverait 300 pour quotient.

Car les 100 dividendes égaux à 12, que l'on aurait divisés chacun par le même diviseur 4, donneraient 3 pour quotiens respectifs ; il y aurait donc 100 quotiens égaux à 3, et par conséquent 300 pour le quotient cherché.

En raisonnant de la même manière, on parviendrait à faire voir que 12000, divisé par 4, donne 3000 par quotient ; et qu'un dividende rendu 10, 100, 1000, etc., fois plus grand, donne un quotient 10, 100, 1000, etc., fois plus grand aussi; c'est à-dire, que si l'on faisait exprimer à un dividende donné, des dixaines, des centaines, des mille, etc., le quotient, trouvé en premier lieu, exprimerait alors des dixaines, des centaines, des mille, etc. Donc, en général, les unités du quotient sont toujours du même ordre que celles du dividende.

46. Maintenant appliquons ce principe (45) à la division d'un nombre donné par un nombre d'un seul chiffre.

Soit, par exemple, 8638 à diviser par 7 ; il faut le décomposer en quatre parties 8000, 600, 30 et 8, diviser chacune d'elles par 7, et réunir le quatre quotiens. Voici le tableau de ces divisions partielles:

1er. dividende partiel. .	8000 + 600 + 30 + 8	7	diviseur.
	7000		
1er. reste . . .	1000	1000	1er. quotient partiel,
	600	200	2e. quotient partiel,
2e. dividende partiel. .	1600	30	3e. quotient partiel,
	1400	4	4e. quotient partiel.
2e. reste	200	somme. 1234	c'est le quotient cherché.
	30		
3e. dividende partiel . .	230		
	210		
3e. reste	20		
	8		
4e. dividende partiel . . .	28		
	28		
dernier reste . . .	0		

Pour diviser 8000 ou 8 mille par 7, on opérera sur le 8 seulement; le quotient 1 sera de l'ordre des mille, ainsi que le reste 1. Ce quotient sera donc 1000, et le reste 1000 aussi.

On joindra ce reste 1000 à la seconde partie 600, qui est d'un ordre inférieur, et l'on aura 1600, ou 16 centaines à diviser par 7. Or, en opérant sur 16, on trouvera que le quotient est 2, pour 14, et en soustrayant 14 de 16, on aura le reste 2. Ce quotient partiel sera de l'ordre des centaines, ainsi que le reste.

On joindra ce reste 200 à la troisième partie 30, qui est d'un ordre inférieur, et l'on aura 230, ou 23 dixaines à diviser par 7; le quotient sera 3, pour 21, et, en soustrayant 21 et 23, on aura le reste 2. Le quotient trouvé et le reste, seront du même ordre que la partie significative 23 du dividende partiel 230, c'est-à-dire, de l'ordre des dixaines.

Enfin, on ajoutera ce reste 20 à la dernière partie 8 du dividende, laquelle est de l'ordre des unités, et l'on aura 28 unités à diviser par 7; le quotient exact 4 sera aussi de l'ordre des unités.

Les quotiens partiels trouvés 1, 2, 3 et 4, étant de différens ordres, pour en obtenir la somme, qui est le quotient cherché, il suffira de les énoncer, ou de les placer à la droite les uns des autres; ainsi ce quotient sera 1234.

47. On poura faire les deux divisions suivantes en tableau, pour s'exercer; les voici : 18768 à diviser par 8, et 311103 à diviser par 9. Dans ces deux divisions, les chiffres 1 et 3, à gauche, étant plus faibles que les diviseurs respectifs 8 et 9, il faudra décomposer le premier dividende 18768 en 18000 + 700 + 60 + 8, et le second dividende 311103 en 310000 + 1000 + 100 + 00 + 3.

48. Si l'on a bien saisi l'esprit de ces opérations, il sera très facile de voir qu'on peut les abréger en écrivant chaque reste au-dessous des unités de son ordre, sans mettre de zéros à sa suite, et en plaçant les quotiens partiels à la droite les uns des autres. Reprenons l'exemple qui a déjà été donné (46).

```
Dividende . . . 8638 { 7 diviseur.
                16   { 1234 quotient.
                 23
                  28
                   0
```

Le premier chiffre à gauche 8 étant plus fort que le diviseur 7, nous le prendrons pour premier dividende partiel; nous chercherons, d'après la table de multiplication, combien de fois le diviseur 7 y est contenu, nous écrirons le quotient 1, sous le diviseur, et le reste 1, sous le 8.

A côté de ce reste, qui est de l'ordre des mille, nous abaisserons le chiffre suivant 6, et en regardant 16 comme un dividende partiel d'un ordre immédiatement inférieur, nous le diviserons par 7, ce qui nous donnera le quotient 2, pour 14, et le reste 2; nous placerons le reste au-dessous du 6, comme étant du même ordre, et le quotient 2 à la droite du précédent 1, puisqu'il est d'un ordre inférieur, de l'ordre des centaines (45).

A côté de ce reste 2, abaissons le chiffre suivant 3 du dividende donné, et divisons 23 par 7; le quotient 3, pour 21, sera de l'ordre des dixaines, et le reste 2 aussi; nous écrirons ce quotient à la droite du précédent 2, et le reste au-dessous du 3, comme étant de l'ordre des dixaines.

Enfin à côté du reste 2, abaissons le dernier chiffre 8, et divisons 28 par 7; nous trouverons le quotient exact 4, lequel sera de l'ordre des unités, et devra être placé, par conséquent, à la droite de 3. Le quotient cherché sera donc 1234.

49. Dans l'exemple donné à faire (47) par la méthode (46), on a à diviser 18768 par 8; en voici l'opération abrégée :

Dividende . .	18768	8 diviseur.
	27	2346 quotient.
	36	
	48	
	0	

Le chiffre à gauche du dividende étant plus faible que le diviseur 8, nous prendrons 18 pour premier dividende partiel, nous le diviserons par 8, au moyen de la table, ce qui nous donnera le quotient 2, pour 16; en soustrayant 16 de 18, nous aurons le reste 2, que nous placerons au-dessous, comme unités du même ordre que le 8 du premier dividende partiel 18.

A côté de ce reste 2, nous abaisserons le 7, et nous diviserons 27 par 8, ce qui nous donnera le quotient 3, pour 24, et le reste 3.

A côté de ce reste 3, nous descendrons le 6, et nous diviserons 36 par 8; le quotient sera 4, pour 32, et le reste sera 4.

Enfin, à côté de ce reste 4, nous mettrons le dernier chiffre 8 du dividende; nous diviserons 48 par 8, et nous aurons le quotient exact 6.

Les quotiens trouvés ainsi étant du même ordre que les dividendes partiels que nous avons eus, seront de dix en dix fois plus petits; par conséquent, ils formeront ensemble le quotient cherché 2346.

Il sera bon de s'exercer sur les divisions suivantes :

2283945 à diviser par 5;
3431358 à diviser par 6;
123456789 à diviser par 9.

50. Lorsque le diviseur a plusieurs chiffres, l'opération est un peu plus longue, mais n'a pas plus de difficulté que les précédentes.

Soit à diviser 148152 par 12 ; il faudra opérer de la manière suivante :

```
148152 { 12
12     { 12346 quotient.
--
 28
 24
 --
  41
  36
  --
   55
   48
   --
    72
    72
    --
     0
```

En prenant les deux premiers chiffres à gauche 14 pour premier dividende partiel, on divisera 14 par 12 ; le quotient sera 1 ; on multipliera le diviseur 12 par ce quotient 1, et l'on placera le produit 12 sous le premier dividende partiel 14 ; en soustrayant, on trouvera 2 pour reste, que l'on écrira au-dessous.

A côté de ce reste 2, on abaissera le 8, et l'on divisera 28 par 12 ; le quotient sera 2 ; on multipliera le diviseur 12 par 2, et l'on écrira le produit 24 sous le dividende partiel 28 ; la différence sera 4, que l'on écrira au-dessous.

On continuera ces divisions partielles jusqu'à ce qu'on ait abaissé tous les chiffres du dividende donné; les quotiens trouvés, étant placés à la droite les uns des autres, formeront le quotient cherché 12346.

51. Il y a une manière plus abrégée de faire la division à laquelle il faut s'habituer; la voici:

```
148152 { 12
 28    { 12346.
  41
   55
    72
     0.
```

Prenant 14 pour premier dividende partiel, on divise le premier chiffre à gauche 1 par celui à gauche 1 du diviseur, ce qui donne 1 pour quotient exact; et comme le second chiffre 4 contient le second chiffre 2, 1 fois, on écrit 1 au quotient, au-dessous du diviseur. Pour vérifier ce quotient et avoir le reste, on multiplie tout le diviseur par 1, et l'on soustrait le produit 12 de 14; cette opération se fait à fur et mesure, comme il suit:

1 fois 2 donne 2, ôté de 4, reste 2, que l'on écrit au-dessous du 4;

1 fois 1 donne 1, ôté de 1, reste 0, qu'il est inutile d'écrire.

A côté du reste 2, on abaisse le chiffre 8 du

dividende, et l'on divise 28 par 12, en faisant l'essai suivant :

2 contient 1, 2 fois ; 8 contient 2 le même nombre de fois, ainsi l'on peut écrire ce quotient 2 à la droite du précédent 1. Pour le vérifier et avoir le reste, en même-temps, on dit :

2 fois 2 font 4, ôté de 8, reste 4, que l'on écrit au-dessous du 8 ; et 2 fois 1 font 2, ôté de 2, reste 0.

A côté du chiffre 4, on abaisse le chiffre 1 du dividende, et l'on divise 41 par 12, non immédiatement, mais par l'essai suivant :

4 contient 1, 4 fois ; mais 1 ne contient pas 2, 4 fois ; ainsi 4 est trop fort. On met 3 seulement pour quotient, et l'on dit :

3 fois 2 font 6, ôté de 11, en empruntant sur 4 une unité, qui vaut 10, et que l'on joint à 1, reste 5, que l'on écrit au-dessous de 1 ; ensuite, 3 fois 1 font 3, ôté de 3 seulement, à cause de l'unité empruntée sur le 4, ce qui le diminue d'une unité, reste 0.

A côté du reste 5, on abaisse le chiffre 5, et l'on divise 55 par 12, ce qui donne, après avoir fait les essais préalables, 4 pour quotient. On vérifie ce quotient comme il suit :

4 fois 2 font 8, ôté de 15, en empruntant 1 sur le 5 à gauche, reste 7, que l'on écrit au-dessous ; ensuite, 4 fois 1 font 4, et l'unité empruntée, font 5, ôté de 5, reste 0.

Enfin, à côté du reste 7, on abaisse le dernier chiffre 2, qui se trouve dans le dividende, ce qui donne 72 pour dernier dividende partiel; on cherche combien de fois 12 y est contenu, et après un essai, on trouve le quotient exact 6. Quant à la vérification, on dira :

6 fois 2 font 12, ôté de 12, reste 0; 6 fois 1 font 6, et 1, provenant de l'emprunt, font 7, ôté de 7, reste 0.

Les quotiens partiels 1, 2, 3, 4 et 6, étant d'ordres différens, forment, par leur ensemble, le quotient cherché 12346.

52. Cette méthode paraît plus difficile au prime abord, mais avec un peu d'exercice, elle devient aussi familière que la première.

La manière d'emprunter, et d'avoir égard à la quantité d'unités empruntées, est très-facile à concevoir; car, puisqu'on ne peut soustraire, immédiatement, d'un chiffre du dividende partiel, le produit de l'un des chiffres du diviseur par le quotient à vérifier, il est naturel d'emprunter, sur le chiffre voisin à gauche un nombre suffisant d'unités, qui sont alors autant de dixaines de celui à droite, sur lequel on veut opérer, de les y joindre, et de soustraire de la somme le produit dont il s'agit. Mais comme, dans l'opération suivante, il faudrait diminuer le chiffre sur lequel on a fait cet emprunt de toutes les unités empruntées, ce qui n'est pas toujours possible, on y a suppléé en joignant ces mêmes unités au nombre qu'il en faut soustraire, et en retranchant alors la somme du chiffre supérieur en entier. La différence est toujours la même, puisque l'un et l'autre sont par-là augmentés des unités empruntées.

Par exemple, pour soustraire 8 fois 57 de 494, on opère de la manière suivante :

8 fois 7 font 56, ôté de 64, *en empruntant* 6 *unités sur le chiffre à gauche* 9, *lesquelles sont* 6 *dixaines à l'égard du* 4, reste 8 ; ensuite, 8 fois 5 font 40, qu'il faudrait soustraire de 43, *en prélevant les* 6 *unités sur le* 9, et l'on aurait le vrai reste 3. Il est évident aussi que si l'on ne déduit pas les 6 unités du nombre supérieur 49, mais qu'alors on en retranche 46, au lieu de 40, la différence sera toujours la même et égale à 3.

En effet, le nombre supérieur vaut alors, 43+6, l'inférieur à déduire, mais augmenté de 6, vaut 40+6;

la différence sera donc , 3+0.

D'où l'on voit que dans cette opération-ci, le reste est 3, le même que dans la primitive, la différence des nombres égaux étant nulle.

53. En divisant le dividende partiel par le diviseur, quel qu'il soit, on n'arrive à trouver le quotient partiel que par un tâtonnement que voici :

Soit 494 ce dividende partiel, et 57 le diviseur; on divise d'abord 49 par 5 (d'après la table de multiplication), ce qui donne 9 pour quotient; on soustrait le produit 5 fois 9, ou 45, de 49, et l'on aura 4 de reste. On joint ces 4 dixaines au 4 à droite, et l'on cherche si 44 contient encore le second chiffre 7 du diviseur, 9 fois ; or, ici l'on voit que cela n'est pas, puisque 9 fois 7 font 63, produit plus fort que 44 : il faut donc ne mettre que 8.

Pour vérifier le 8, on dit : 8 fois 5 font 40, ôté de 49, reste 9; de plus on joint ces 9 dixaines aux 4 unités à droite, et l'on a 94, lequel contient 7 plus de 8 fois; ainsi ce dernier quotient peut être adopté. Quant à sa vérification et au reste que l'on en déduit, on s'y prend comme il a été expliqué précédemment.

Nota. Les paragraphes (52) et (53) sont si utiles pour faire la division avec facilité, et se rendre raison du procédé (51), qui est le seul usité, que nous invitons les commençans à les relire plusieurs fois pour s'en bien pénétrer.

54. Si le diviseur avait trois chiffres, il faudrait opérer comme dans l'exemple ci-dessous :

```
35266446  { 657
 2416     { 53678 quotient.
  4454
   5124
    5256
     000.
```

Puisque le premier chiffre 3 du dividende est plus petit que le premier 6 à gauche du diviseur, il faut prendre alors 4 chiffres sur la gauche du dividende pour contenir le diviseur; et pour déterminer combien de fois le premier dividende partiel 3526 contient 657, on divise seulement 35 par 6, ce qui donne le quotient 5, que l'on écrit au-dessous du diviseur. Pour le vérifier et avoir le reste, on dit :

5 fois 7 font 35, ôté de 36, reste 1, que l'on place au-dessous;

5 fois 5 font 25, et 3 unités empruntées, font 28, ôté de 32, reste 4, que l'on écrit au-dessous;

5 fois 6 font 30, et 3 de l'emprunt, font 33, ôté de 35, reste 2, que l'on écrit au-dessous.

A côté du reste trouvé 241 on abaisse le chiffre suivant 6, pris dans le dividende, et regardant le nombre 2416 comme un nouveau dividende partiel, on cherche combien de fois il contient le diviseur 657; on trouve 3 pour quotient partiel; on l'écrit à la droite du précédent, et on le vérifie ainsi :

3 fois 7 font 21, ôté de 26, reste 5;

3 fois 5 font 15, et 2 empruntées, font 17, ôté de 21, reste 4;

3 fois 6 font 18, et 2 empruntées, font 20, ôté de 24, reste 4. Le reste total est donc 445.

A côté de ce reste 445, on abaisse le chiffre 4, pris dans le dividende, et l'on divise le dividende partiel 4454 par le diviseur 657, ce qui donne 6 pour quotient; ensuite pour le vérifier, on dit :

6 fois 7 font 42, ôté de 44, reste 2;

6 fois 5 font 30, et 4 empruntées, font 34, ôté de 35, reste 1;

6 fois 6 font 36, et 3 empruntées, font 39, ôté de 44, reste 5. Le reste total est donc 512.

A côté de ce reste 512, on abaisse le chiffre suivant 4 du dividende, et l'on divise le dividende partiel 5124 par 657, ce qui donne 7 pour quotient; on le vérifie ainsi:

7 fois 7 font 49, ôté de 54, reste 5;

7 fois 5 font 35, et 5 empruntées, font 40, ôté de 42, reste 2;

7 fois 6 font 42, et 4 font 46, ôté de 51, reste 5. Le reste total est 525.

Enfin, à côté de ce reste on abaisse le dernier chiffre 6 du dividende, et l'on divise 5256 par 657, ce qui donne le quotient exact 8; pour le vérifier, on dit:

8 fois 7 font 56, ôté de 56, reste 0;

8 fois 5 font 40, et 5 empruntées, font 45, ôté de 45, reste 0;

8 fois 6 font 48, et 4 empruntées, font 52, ôté de 52, reste 0.

Le quotient cherché est donc 53678.

55. Soit, pour second exemple, à diviser le nombre 685308 par 764; voici l'opération:

```
685308  { 764
 7410   { 897 quotient.
  5348
   000.
```

Le chiffre à gauche 6 étant plus petit que 7, on prend les quatre chiffres 6853 pour premier dividende partiel ; ensuite on cherche si 6853 contient 764, 9 fois, comme l'indique la division de 68 par 7 ; ayant trouvé (53) que 9 est trop fort, on met 8 au quotient, et l'on vérifie ce dernier de la manière suivante, qui est plus abrégée, quant à l'énonciation, que celle employée dans l'exemple précédent ; savoir :

8 fois 4 font 32, de 33, reste 1, et retiens 3;
8 fois 6 font 48, et 3, font 51, de 55, reste 4, et retiens 5;
8 fois 7 font 56, et 5, font 61, de 68, reste 7.

Il est presqu'inutile de rappeler (si l'on a fait attention aux paragraphes 51, 52 et 53.) que les unités que l'on retient et qu'on ajoute ensuite au produit du chiffre du diviseur, sur lequel on opère, multiplié par le quotient à vérifier, que ces unités, dis-je, sont celles qu'on a empruntées, et que les restes doivent s'écrire au-dessous de chaque dividende partiel, à fur et mesure qu'on les trouve.

A côté du reste 741, on abaisse le 0, et l'on divise 7410 par 764, ce qui donne le quotient partiel 9, lequel se vérifie ainsi :

9 fois 4 font 36, de 40, reste 4, et retiens 4;

9 fois 6 font 54, et 4, font 58, de 61, reste 3, et retiens 6;

9 fois 7 font 63, et 6, font 69, de 74, reste 5.

A côté du reste 534, on abaisse le 8, et l'on a pour dividende partiel 5348, lequel contient 7 fois le diviseur 764. Pour vérifier ce quotient, on opère toujours comme ci-dessus; savoir :

7 fois 4 font 28, de 28, reste 0, et retiens 2 ;

7 fois 6 font 42, et 2, font 44, de 44, reste 0, et retiens 4 ;

7 fois 7 font 49, et 4, font 53, de 53, reste 0.

Le quotient est donc 897. Ce procédé est très-expéditif, et il est essentiel de s'y exercer.

56. Il pourrait arriver que l'un des dividendes partiels ne contînt pas le diviseur ; dans ce cas, on mettrait zéro au quotient, et l'on abaisserait, à droite de ce dividende, le chiffre suivant; ensuite on continuerait l'opération comme à l'ordinaire.

Soit, par exemple, 56712973 à diviser par 139; voici l'opération :

```
56712973  { 139
 1112     { 408007.
  000973
     000.
```

Le premier dividende partiel 567 contient le diviseur 139, 4 fois, et il reste 11 ; à côté de ce reste on abaisse le chiffre 1, ce qui donne 111 pour le nouveau dividende partiel ; mais comme il est plus petit que le diviseur 139, on écrit zéro au quotient, et l'on abaisse le 2. On divise 1112 par 139, et l'on trouve le quotient 8 sans reste.

On abaisse toujours le 9 à la droite du zéro, comme si c'était un chiffre significatif, et l'on divise 9 par 139, ce qui donne 0 pour quotient, et le même nombre 9 pour reste; à la droite du 9 on descend le chiffre suivant 7, et l'on divise 97 par 139; on trouve encore 0 pour quotient, et alors le reste est 97; enfin, on abaisse le dernier chiffre 3 du dividende, et l'on divise 973 par 139, ce qui donne le quotient exact 7. Les quotiens partiels, rangés selon leur ordre, donnent 408007 pour le quotient cherché.

57. *Dans toute division de nombres entiers, chaque quotient partiel ne peut surpasser 9.*

En effet, si le premier dividende partiel avait un même nombre de chiffres et était plus fort que le diviseur, on ne pourrait pas mettre 10 au quotient; car le décuple du diviseur aurait (comme on sait) un chiffre de plus, et par-là il ne pourrait pas être soustrait du dividende partiel : donc, dans ce cas, le quotient partiel n'excède pas 9.

Si le premier dividende partiel était plus faible que le diviseur, quoique composé d'une même quantité de chiffres; s'il était, par exemple, égal au diviseur moins 1, ce qui est la plus grande valeur en moins qu'il puisse avoir, et si le chiffre suivant à droite était un 9, on aurait alors le plus grand dividende partiel qu'il fût possible d'avoir, tant en commençant que dans le cours de l'opération, les restes devant être plus petits que le diviseur; le quotient, qui serait, dans cette supposition, le plus grand possible, ne pourrait pas néanmoins surpasser 9 : car en multipliant le diviseur par 10, ce qui revient à mettre un zéro à sa droite, et en plaçant le produit sous le dividende partiel, pour l'en soustraire, il est évident que le diviseur correspondrait aux dixaines de ce dividende, le zéro tombant sous le 9; et comme, par hypothèse, il l'emporte d'une unité sur la partie située à gauche du 9, il s'en suit que le produit actuel serait plus fort d'une unité que le dividende partiel. La même chose pouvant être dite de chaque reste, dont la plus grande valeur est le diviseur moins un, on est en droit de conclure, en général, que dans toute division de nombres entiers, chaque quotient partiel ne peut excéder 9.

Exemples.

89.7 { 12 / 120 } 10 quot. supp. / 31	4569.8 { 457 / 4570 } 10 quot. supp. / ... 1
Le dividende partiel 89, d'un même nombre de chiffres que le diviseur 12, ne le contient pas 10 fois; car, en décuplant le diviseur 12 on aurait 120, qui l'emporte sur 89, de 31. Donc, dans ce cas, le quotient n'excède pas 9. Ici il est 7, pour 84.	Le dividende partiel est ici 4569, puisqu'il faut prendre un chiffre de plus; or, en divisant 45 par 4, on est porté à mettre plus de 9; soit 10 le quotient partiel, en multipliant 457 par 10, on aura 4570, qui l'emporte sur 4569 d'une unité. Le quotient partiel ne peut donc excéder 9.

Preuve de la Division et de la Multiplication.

58. Dans toute division de nombres abstraits, le *quotient* indique combien le *diviseur* est contenu de fois dans le *dividende;* donc, en répétant le diviseur autant de fois qu'il y a d'unités dans le quotient, ce qui revient à les multiplier l'un par l'autre, on aura pour résultat le dividende.

Dans l'exemple précédent (56), il faudrait multiplier 139 par 408007, et l'on aurait pour résultat 56712973. C'est ce qu'on appelle faire la preuve de la division. S'il y avait un reste au lieu de zéro, il faudrait ajouter le reste au produit, et la somme serait le dividende.

59.

59. De là il suit que, *le dividende restant toujours le même*, si l'on rendait le diviseur plus grand, le quotient serait plus petit; si l'on doublait, triplait, quadruplait le diviseur, le quotient serait alors la moitié, le tiers, le quart de ce qu'il était, et réciproquement, puisque le produit des deux doit être constant.

60. Dans la multiplication, le *produit* est égal au *multiplicande* pris autant de fois qu'il y a d'unités dans le *multiplicateur;* ainsi, *en le divisant par le multiplicande on aura pour quotient le multiplicateur :* et comme, dans ces règles-ci, où les facteurs sont des nombres abstraits, il est indifférent de prendre le multiplicande pour multiplicateur, il s'en suit, en général, qu'*en divisant un produit de deux facteurs par l'un des deux, on aura l'autre facteur pour quotient.*

Remarques utiles sur la Division.

61. En divisant 24 par 3, par exemple, on a 8 pour quotient exact; il indique que le nombre 3 est contenu 8 fois dans 24; de sorte que, si l'on regardait le diviseur 3 comme une *unité collective*, le nombre 24 contiendrait 8 de ces unités.

62. Si l'on avait à juger de la grandeur de 25 au moyen de la même unité 3 (comme on mesure la longueur d'un chemin au moyen du mètre, de la toise, ou de la lieue), on dirait qu'elle

y est contenue 8 fois, et qu'on a 1 de reste; mais le diviseur 3, qui nous sert de terme de comparaison, peut être partagé en trois parties égales à 1; ce reste 1, que nous avons eu, pourra être considéré, d'après cela, comme *un tiers* du diviseur; le nombre 25 contient donc 8 fois le diviseur, plus *un tiers de fois* le même diviseur : on dit alors que le quotient est *huit et un tiers*, ou $8\frac{1}{3}$; c'est ainsi qu'on l'écrit.

Si c'était 26 que l'on eût à diviser par 3, on trouverait 8 pour quotient, avec le reste 2; et comme chaque unité du dividende représente ici le tiers du diviseur, les 2 seraient alors *deux tiers* du diviseur considéré comme un tout; ainsi le quotient actuel serait $8\frac{2}{3}$, et désignerait que le dividende vaut 8 fois et $\frac{2}{3}$ de fois le diviseur donné 3.

Si l'on avait 87 à diviser par 12, le quotient serait 7, pour 84, et l'on aurait le reste 3, qui donnerait 3 douzièmes; de sorte que ce quotient $7\frac{3}{12}$ indiquerait que le dividende actuel contient 7 fois et $\frac{3}{12}$ de fois le diviseur 12, pris comme unité.

63. Ces sortes de nombres $\frac{1}{3}$, $\frac{2}{3}$, $\frac{3}{12}$, etc., s'appellent des *fractions;* le nombre placé au-dessus de la *barre* est toujours le *reste* de la division, et celui au-dessous en est le *diviseur.* Ces deux nombres, comme on le verra par la suite, sont le *numérateur* et le *dénominateur* de la fraction.

64. Le produit du diviseur par le quotient, ou

du quotient par le diviseur, ce qui est indifférent pour les nombres *abstraits*, étant égal au dividende, il s'en suit que le dividende contient le quotient, considéré comme un tout, autant de fois qu'il y a d'unités dans le diviseur; donc, si l'on avait dessein de partager le dividende en un nombre de parties égales marqué par le diviseur, il faudrait opérer comme à l'ordinaire, et la valeur de chaque partie serait égale au quotient.

Ainsi si l'on voulait partager 1240 francs entre 5 personnes, le diviseur seul serait abstrait, et la part de chacune de ces personnes serait 248 francs, quotient de 1240 divisé par 5, comme dans les opérations précédentes.

On voit par-là que la même opération sert à deux fins, savoir : à trouver combien de fois un nombre donné en contient un autre, le quotient est alors ce nombre de fois; et à partager ce nombre donné en plusieurs parties égales, le quotient exprime dans ce cas la valeur de chaque partie.

65. Dans la division, considérée sous ce dernier point de vue, le reste fournirait une fraction de l'espèce d'unité qui serait dans le dividende; par exemple, si c'était 1243 francs qu'il fallût partager en 5 parts égales, on aurait d'abord 248 francs, comme ci-dessus, pour la partie entière de chaque part, et ensuite le reste 3, dont il faudra aussi prendre le cinquième; mais comme cela ne peut se faire par la voie ordinaire, on suppose cha-

que unité du dividende (c'est ici le franc) divisée en 5 parties égales, que l'on désigne par le nom de *cinquièmes*, et on en prend 3, au lieu des 3 unités que l'on a de reste. En effet, en répétant 5 fois l'une de ces parties (chaque cinquième de franc), on aurait 1 franc; et par conséquent, en répétant 5 fois les 3 que l'on a prises, (les 3 cinquièmes), on aura les 3 francs qui se trouvent de plus dans le dividende, et qui forment le reste. La part cherchée, en adoptant l'emploi du signe $\frac{3}{5}$ pour la notation de ces parties d'unités, sera donc, enfin, 248 francs et $\frac{3}{5}$ de franc.

66. Si l'on avait à diviser un nombre suivi de zéros par 10, 100, 1000, etc., il suffirait de supprimer 1, 2, 3, etc., zéros, et l'on aurait les quotiens respectifs.

Par exemple, pour diviser 780 par 10, on retrancherait le zéro, et l'on aurait 78 pour quotient. Car c'est 78 dixaines que l'on se propose de diviser par 10; or, chaque dixaine contient 10 une fois, c'est-à-dire, donne 1 pour quotient; donc, en réunissant les septante-huit quotiens semblables, on aura 78 pour quotient total.

De même, 7800 divisé par 100, donne 78 pour quotient; et 78000 divisé par 1000, donne 78; et ainsi des autres nombres, suivis de zéros, que l'on aurait à diviser par l'unité suivie aussi d'un, de deux, de trois, de quatre, etc., zéros.

67. Si le dividende et le diviseur étaient com-

posés de chiffres significatifs suivis de zéros, on pourrait, avant de procéder à la division, supprimer à la suite de chacun de ces nombres autant de zéros qu'il y en aurait dans celui qui en contiendrait le moins, et le quotient serait toujours le même.

Soit 24800 à diviser par 800 ; on peut ne diviser que 248 par 8, et le quotient 31 sera également celui que l'on cherche.

Car il est évident que 100 nombres égaux à 248, contiendront 100 nombres égaux à 8, autant de fois que l'un d'eux 248 contiendra l'un 8 des autres. (Voyez (44), c'est le même mode d'opération).

68. Mais si le dividende n'avait pas de zéros à sa suite, et qu'on voulût aussi le diviser par 10, 100, 1000, etc., il faudrait en séparer, vers la droite, 1, 2, 3, etc., chiffres ; ensuite prendre toute la partie à gauche pour les entiers du quotient, et mettre la partie laissée à droite sous la forme de fraction. Par exemple :

158 divisé par 10, donne le quotient $15+\frac{8}{10}$;
158 divisé par 100, donne le quotient $1+\frac{58}{100}$, etc.

Car le nombre peut être décomposé en $150+8$, et en $100+58$; or, les parties à gauche 150 et 100, sont divisibles par 10 et 100, respectivement; il n'y aura donc que les parties à droite 8 et 58, qui, ne l'étant pas, donneront lieu aux fractions.

69. Si l'on avait à diviser un nombre par 20 et par 30, il faudrait, pour le premier, séparer

un chiffre à droite, prendre la moitié de la partie à gauche, et ensuite, joignant la dixaine restante, s'il y en avait une, aux unités, il faudrait faire exprimer au tout des vingtièmes.

Ce cas-ci s'applique à la réduction d'un grand nombre de sous en francs ; mais alors les vingtièmes restans, sont autant de sous. Par exemple, 197 sous valent 9 francs 17 sous.

Pour le second diviseur 30, on séparerait toujours le premier chiffre à droite, on prendrait le tiers de la partie à gauche, et, en joignant le reste aux unités à droite, on ferait exprimer au tout des trentièmes d'unité.

On se sert de cette règle pour trouver la perte d'une somme comptée en écus de six livres ; en effet, à 4 sous de perte par écu de six livres, cela revient à prendre le 30me. de la somme, pour avoir la perte en francs. *Soit 2742 livres une somme comptée en écus de six livres; trouver la perte ?* Le trentième donne 91 et $\frac{12}{30}$; ainsi la perte cherchée serait 91 francs et $\frac{12}{30}$ de francs, ou 8 sous.

Si la lecture de ces paragraphes paraît trop pénible, il faudra les laisser, et y revenir après avoir vu les fractions, qui seront l'objet du 2me. chapitre.

70. En résumant tout ce qui a été dit précédemment sur la division, il sera facile d'en déduire une règle dont voici l'énoncé :

Pour faire la division des nombres abstraits,

il faut placer le diviseur à la droite du dividende, et l'en séparer par un trait ; ensuite, prendre sur la gauche du dividende assez de chiffres pour que le diviseur y soit contenu ; ce sera le premier dividende partiel : chercher combien de fois il contient le diviseur, en divisant, pour cela, son premier ou ses deux premiers chiffres par le premier chiffre à gauche du diviseur, et écrire le quotient sous le diviseur, en l'en séparant par un trait.

Pour le vérifier, il faut multiplier tout le diviseur par ce quotient, soustraire le produit du premier dividende partiel, et écrire le reste au-dessous.

A côté de ce reste, il faut abaisser le chiffre suivant du dividende, ce qui donnera un second dividende partiel, que l'on divisera par le diviseur ; mais, comme il est d'un ordre inférieur au précédent, on mettra le quotient qui en proviendra à la droite du premier. On multipliera de même le diviseur par ce dernier quotient partiel, et l'on soustraira le produit du second dividende partiel, pour avoir un nouveau reste ; enfin, on continuera d'opérer ainsi sur les restes et les dividendes partiels, jusqu'à ce qu'on ait abaissé tous les chiffres du dividende proposé.

Si, dans le courant de l'opération, l'un des dividendes partiels ne contenait pas le diviseur, il faudrait mettre un zéro au quotient, et abaisser un chiffre de plus ; si celui-ci ne suffisait pas, on en abaisserait un autre, et cela, jusqu'à ce que le dividende partiel contînt le diviseur : alors on continuerait comme à l'ordinaire.

Enfin, s'il y avait un reste à la fin de l'opération, il faudrait y avoir égard, en mettant à la droite du quotient, une fraction, qui aurait ce reste pour numérateur, et le diviseur pour dénominateur.

71. La numération et les quatre premières règles, qui sont traitées dans ce chapitre, sont si utiles pour l'intelligence de l'arithmétique en général, que nous croyons devoir inviter les maîtres à les faire revoir plusieurs fois à leurs élèves, jusqu'à ce qu'ils en aient bien l'esprit. Quant au matériel des opérations, il sera très-avantageux de multiplier les exemples, et de s'en servir, pour arriver, pas à pas, aux cas généraux.

L'enfant, ayant tout à acquérir, n'est pas capable d'embrasser plusieurs idées à-la-fois; il éprouve, sur-tout, beaucoup de difficulté à les généraliser; c'est pourquoi on doit faire usage envers lui de la méthode d'induction, qui est plus à la portée de tous les âges et de tous les esprits, et, par là, la seule qu'il soit convenable de suivre dans l'éducation première.

CHAPITRE II.

Des Fractions.

72. LES *fractions sont des nombres qui expriment des parties d'un tout, ou d'une unité quelconque.*

Par exemple, la *moitié*, le *tiers*, le *quart*, le *cinquième*, les *cinq-douzièmes* d'une orange, d'une toise, d'une canne ou d'un mètre, sont des fractions de cette orange, de la toise, de la canne ou du mètre.

73. On représente une fraction, par deux nombres placés l'un au-dessous de l'autre, et séparés par un trait; par exemple, pour écrire les fractions ci-dessus, on mettrait $\frac{1}{2}$, $\frac{1}{3}$, $\frac{1}{4}$, $\frac{1}{5}$ et $\frac{5}{12}$. Ces deux nombres sont dits les *termes de la fraction.*

Pour énoncer une fraction, on énonce d'abord le nombre placé au-dessus de la barre, et ensuite le nombre qui est au-dessous; mais à celui-ci on ajoute la terminaison *ième*. Par exemple, pour $\frac{4}{7}$, on dit : *quatre-septièmes;* pour $\frac{9}{10}$, $\frac{15}{100}$, $\frac{2}{9}$, etc., on dit : *neuf-dixièmes*, *quinze-centièmes*, *deux-neuvièmes*, etc., excepté les fractions $\frac{1}{2}$, $\frac{1}{3}$, $\frac{2}{3}$, $\frac{1}{4}$, $\frac{2}{4}$ et $\frac{3}{4}$, qui ont des noms particuliers, que voici:

Une demi-heure, une heure et *demie*, *un tiers*, *deux-tiers*, *un-quart*, *deux-quarts*, *et trois-quarts;* toutes les autres s'énoncent d'après la règle.

74. Les deux termes d'une fraction ont des noms propres; celui qui est au-dessous du trait s'appelle le *dénominateur*, parce qu'il indique en combien de parties égales l'unité a été divisée, et par-là il désigne la nouvelle espèce d'unité que l'on considère.

Le nombre placé au-dessus du trait s'appelle le *numérateur*, parce qu'il marque le nombre de ces parties de l'unité qu'il faudrait réunir, pour former la fraction, ou la portion du tout dont il s'agit.

75. Si l'on voulait former la fraction $\frac{5}{12}$ d'une orange, par exemple, c'est-à-dire, en séparer un morceau qui fût les cinq-douzièmes du tout, il faudrait d'abord partager l'orange, qui est ici l'unité, en douze parties égales, chaque partie serait ce qu'on appelle un douzième d'orange, et prendre cinq de ces parties, ce qui donnerait les cinq-douzièmes, ou la fraction demandée de cette orange.

76. Puisque le dénominateur marque combien il faut concevoir de parties égales dans le tout, ou l'unité, ces parties seront, évidemment, d'autant plus petites que le nombre en sera plus grand; ainsi, l'espèce d'unité diminue à mesure que le

dénominateur augmente. Et comme le numérateur marque le nombre ou la quantité de ces parties d'unité qui entrent dans la fraction, ou portion du tout ; s'il augmente, la fraction augmentera aussi, et cela, jusqu'à égaler le tout lui-même, lorsque le numérateur sera égal au dénominateur.

De là il suit que, si l'on prenait d'autant plus de parties qu'elles sont plus petites, ou d'autant moins qu'elles sont plus grandes, la fraction, quoique représentée par des termes différens, ne changerait pas de valeur, c'est-à-dire, représenterait toujours la même portion du tout sur lequel on aurait opéré, ou bien, que l'on aurait pris pour unité.

Or, c'est précisément ce qui arrive lorsqu'on multiplie ou que l'on divise les deux termes d'une fraction par un même nombre. Mais comme ce principe est très-important, il ne sera pas déplacé, je pense, d'en donner plusieurs démonstrations, afin que les maîtres puissent choisir selon l'esprit de l'élève.

77. *Une fraction ne change pas de valeur lorsqu'on multiplie ses deux termes par un même nombre.*

Soit la fraction $\frac{2}{3}$; multiplions ses deux termes par 4, et nous aurons $\frac{8}{12}$, qu'il faut démontrer être égale à $\frac{2}{3}$. En effet, pour former la fraction $\frac{2}{3}$ d'une unité donnée, il faudrait diviser cette unité en trois parties égales, et prendre deux de ces parties; pour en former la fraction $\frac{8}{12}$, il faudrait diviser la même unité en 12 parties égales, et en prendre 8; or, ayant déjà divisé l'unité en 3 parties, il sera facile de la diviser en 12, et cela en partageant chaque partie en 4; donc, puisque chacune des parties précedentes contient 4 de celles-ci, les 2 que l'on a prises pour former la faction $\frac{2}{3}$, contiendront 8 des nouvelles parties : la seconde fraction $\frac{8}{12}$ est donc équivalente à la première.

78. Si l'élève n'était pas encore convaincu, il serait bon de faire l'essai de la preuve suivante :

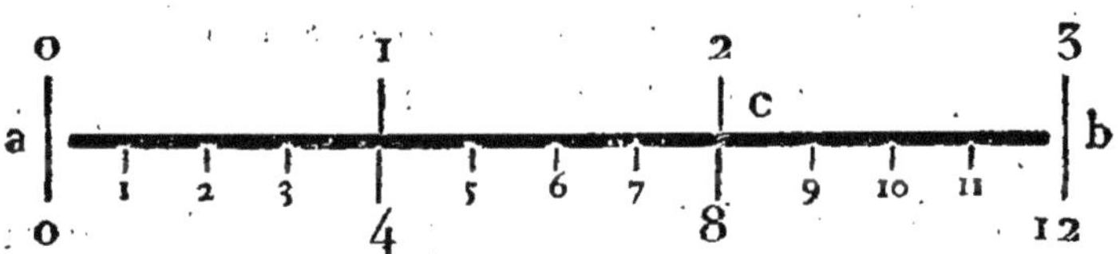

ac $=\frac{2}{3}$ de ab, et ac $=\frac{8}{12}$ de ab.

Soit ab une ligne, prise pour unité, et divisée en trois parties égales; chaque partie sera un tiers de la ligne entière; ainsi, en prenant 2 de ces parties on aura la portion ac, qui sera les $\frac{2}{3}$ de ab.

Maintenant, divisons chacune de ces parties en 4 parties égales, le tout ab contiendra 12 de celles-ci, et les 2 parties primitives que nous avons prises, contiendront 8 des nouvelles; or, les nouvelles parties sont dites des douzièmes de l'unité ab, les 8, seront huit douzièmes de ab, ou $\frac{8}{12}$ de ab ; donc, puisqu'on arrive à la même portion ac, de ab, en prenant les $\frac{2}{3}$ ou les $\frac{8}{12}$ de la longueur ab, il s'en suit que les deux fractions $\frac{2}{3}$ et $\frac{8}{12}$, sont égales.

79. *Une fraction ne change pas de valeur en divisant ses deux termes par un même nombre.*

Soit la fraction $\frac{6}{10}$; divisons ses deux termes 6 et 10 par 2, et nous aurons la fraction $\frac{3}{5}$, qui est équivalente à la première $\frac{6}{10}$.

Car, on forme celle-ci en partageant le tout donné, ou l'unité donnée, en 10 parties égales, et en en prenant 6 ; ces parties sont dites des *dixièmes* de l'unité ; de sorte que, 2, 3, 4, etc., de ces parties, seraient autant de dixièmes, et enfin, 6 donneraient les 6 dixièmes de l'unité prise à volonté.

Maintenant, pour former la fraction $\frac{3}{5}$, il faudrait partager la même unité en 5 parties égales, ce qui donnerait un cinquième pour chaque partie, en prendre 3, et l'on aurait les $\frac{3}{5}$ de l'unité proposée.

Or, ayant déjà divisé l'unité en 10 parties égales, il sera facile de ne la diviser qu'en 5 seulement, et cela en réunissant 2 des parties précédentes, pour former une des nouvelles ; par conséquent, en les prenant ainsi de 2 en 2, les 6 primitives n'en donneront que 3 des nouvelles. Mais ces trois dernières composent la fraction $\frac{3}{5}$ du tout ;

et les six premières forment la fraction $\frac{6}{10}$ du même tout : donc, puisque ces deux fractions expriment la même portion du tout, pris comme unité, elles sont égales entr'elles.

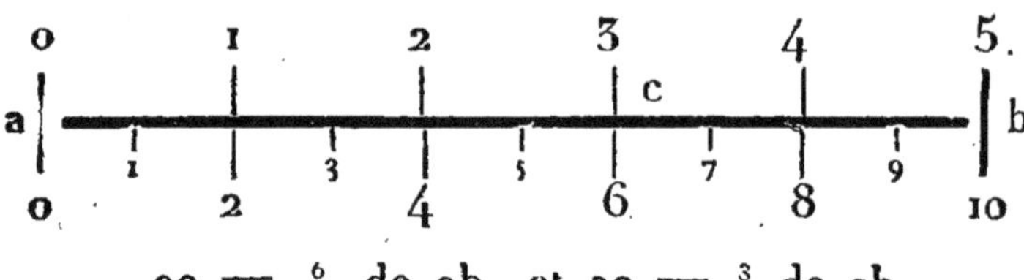

ac $=\frac{6}{10}$ de ab, et ac $=\frac{3}{5}$ de ab.

80. Pour rendre cette preuve sensible, prenons la droite ab, divisons-la en 10 parties égales, et prenons 6 de ces parties ; nous aurons alors la portion ac, qui sera les $\frac{6}{10}$ de l'unité ab. La division en 10 parties égales étant faite, il sera facile d'obtenir celle en 5 parties égales, en réunissant 2 parties en une seule; or, cela n'en donnera que 3 de celles-ci dans les 6 premières; donc, la portion ac, de la ligne ab, en est les $\frac{6}{10}$, ou les $\frac{3}{5}$, ce qui démontre l'égalité de ces deux fractions.

81. La première proposition (77) va nous conduire à une règle facile pour réduire plusieurs fractions au même dénominateur, ou à la même espèce d'unité.

Soit les fractions $\frac{2}{3}$, $\frac{4}{5}$ et $\frac{5}{6}$ à réduire au même dénominateur.

En prenant pour dénominateur 90, qui est le produit de tous les dénominateurs 3, 5 et 6, chacun d'eux sera multiplié par le produit des deux autres; il faudra donc, pour compenser, multiplier chacun des numérateurs par le même produit; c'est-à-dire, qu'il faudra multiplier les deux termes 2 et 3 de la première fraction, par 5 fois 6, ou par 30;

Les deux termes 4 et 5 de la seconde, par 3 fois 6, ou par 18;

Et les deux termes 5 et 6 de la troisième, par 3 fois 5, ou par 15.

En effectuant ces opérations, on trouvera les trois fractions suivantes:

$$\frac{60}{90}, \quad \frac{72}{90} \quad \text{et} \quad \frac{75}{90},$$

Lesquelles seront équivalentes aux fractions proposées.

82. La règle générale pour opérer cette réduction de plusieurs fractions au même dénominateur, *est de multiplier les deux termes de chaque fraction par le produit des dénominateurs distincts de toutes les autres.*

Il sera très-facile, d'après cet énoncé, de vérifier soi-même les résultats suivans:

Les fractions $\frac{4}{11}$ et $\frac{7}{12}$,
réduites, deviennent $\frac{48}{132}$ et $\frac{77}{132}$.

Les fractions $\frac{5}{7}$, $\frac{8}{10}$ et $\frac{11}{14}$,
réduites, deviennent $\frac{700}{980}$, $\frac{784}{980}$ et $\frac{770}{985}$.

Enfin, les fractions $\frac{3}{4}$, $\frac{5}{11}$, $\frac{2}{7}$, $\frac{4}{10}$ et $\frac{9}{10}$,
réduites, deviennent $\frac{2310}{3080}$, $\frac{1400}{3080}$, $\frac{880}{3080}$, $\frac{1232}{3080}$ et $\frac{2772}{3080}$.

83. La seconde proposition (79) n'est pas moins utile que la première ; elle sert à simplifier les fractions qui sont représentées par des nombres considérables.

Pour simplifier une fraction, ou la ramener à des termes plus petits, sans en changer la valeur, il faut diviser ses deux termes par un même nombre ; c'est-à-dire, par 2, autant que possible ; ensuite par 3, autant que possible ; et continuer d'en diviser les deux termes par 5, 7, 11, etc. ; enfin, par tous les nombres premiers. La dernière fraction à laquelle on parviendra par ces opérations successives, sera irréductible, et donnera alors la plus simple expression de la proposée.

Soit la fraction $\frac{12600}{14400}$ que l'on veuille simplifier, ou réduire à sa plus simple expression.

Les deux termes 12600 et 14400, étant des nombres pairs, ou divisibles par 2 (*a*), en faisant la division, on la ramenera à $\frac{6300}{7200}$; ceux-ci étant encore pairs, on aura, en divisant par 2,

---

(*a*) En divisant les dixaines d'un nombre, ou toute la partie à la gauche des unités, par 2, il peut y avoir 1 de reste ; ce sera une dixaine ou 10 unités ; mais 10 est divisible par 2, puisque $2 \times 5 = 10$; donc, si le chiffre des unités est lui-même divisible par 2, le nombre, en entier, le sera.

Lorsqu'un nombre est divisible par 2, il est dit *pair* ; et s'il ne l'est pas, il est dit *impair*.

la

la fraction $\frac{3150}{3600}$; continuant à diviser par 2, puisque les termes sont pairs, on aura $\frac{1575}{1800}$.

Dans cette fraction-ci, l'un des termes, 1575, est impair ; ainsi la division par 2 ne serait pas exacte ; il faut donc tenter celle par 3 ; elle a lieu (*b*), et donne la fraction $\frac{525}{600}$; dont les termes sont encore divisibles par 3, ce qui donne $\frac{175}{200}$.

Ayant épuisé les diviseurs 2 et 3, il faut essayer 5, lequel donnera $\frac{35}{40}$; et comme les termes de celle-ci sont, l'un terminé par 5, et l'autre par zéro, ce qui est le signe de la divisibilité par 5, on aura, en effectuant cette division, $\frac{7}{8}$ pour la fraction *irréductible*, égale à la proposée.

84. Les nombres 2, 3, 5, 7, 11, 13, 17, etc., par lesquels il faut diviser les deux termes d'une fraction réductible, n'ayant pas d'autres diviseurs qu'eux-mêmes et l'unité, sont dits des *nombres*

(*b*) Un nombre est divisible par 3 et par 9, lorsque la somme de ses chiffres est divisible par 3 et par 9, ou est un multiple de 3 et de 9.

Car 10, 100, 1000, etc., divisés par 3 et par 9, donnent chacun 1 de reste ; donc, en regardant les dixaines, les centaines, les mille, etc., comme autant d'unités, on sera censé en avoir prélevé les 3 ou les 9 ; par conséquent, si l'on joint la somme de ces chiffres aux unités, et que la somme totale soit un multiple de 3 ou de 9, le nombre donné sera aussi un multiple de 3 ou de 9, c'est-à-dire, qu'il sera divisible par 3 et par 9, respectivement.

premiers, parce qu'ils servent à la génération de tous les autres.

85. Dans la fraction $\frac{7}{8}$, à laquelle nous sommes parvenus, en faisant les opérations ci-dessus, le numérateur 7 est un nombre premier, puisqu'il n'a pas de diviseur; le dénominateur 8, au contraire, a des diviseurs premiers, qui sont 2, 2 et 2; mais comme ils ne peuvent diviser exactement 7, ces deux nombres 7 et 8, qui n'ont pas de diviseur commun, sont, l'un par rapport à l'autre, comme deux nombres premiers; c'est pour cela qu'ils s'appelent nombres *premiers entre eux*.

Et lorsque les deux termes d'une fraction sont ramenés à ce dernier état, de n'avoir pas de diviseur commun, elle est dite *irréductible*.

86. On aurait pu arriver à la fraction $\frac{7}{8}$ par une voie plus courte, en divisant ses deux termes par 100, d'abord, ce qui aurait donné $\frac{126}{144}$; et ensuite les deux termes de celle-ci par 18.

Il est clair aussi que, si l'on eût divisé les deux termes de la proposée $\frac{12600}{14400}$ par 1800, on aurait eu de suite la fraction $\frac{7}{8}$.

Ce nombre 1800, qui réduit immédiatement la fraction à sa plus simple expression, est dit le plus grand diviseur commun de ses deux termes. La recherche de ce nombre pouvant être très-utile dans bien des cas, nous en ferons le sujet du paragraphe suivant.

87. *Le plus grand diviseur commun de deux nombres, est le nombre qui les divise exactement, et rend les quotiens premiers entre eux* (85).

Pour le trouver, soient les nombres 972 et 282, dont on veuille avoir le plus grand commun diviseur; il faut opérer de la manière suivante:

972	282	126	30	6 plus gr. div^{r}. comm.
	3.	2.	4.	5.
1er. reste, 126.	2e. r. 30.	3e. r. 6.	d^{r}. r. 0.	

On divise le plus grand nombre 972, par le plus petit 282; on a 3 pour quotient, et 126 pour reste.

On divise le plus petit nombre 282, par ce reste 126; on a 2 pour quotient, et 30 pour reste.

On divise le premier reste 126, par le second 30; on a 4 pour quotient, et 6 pour reste.

Enfin, on divise le reste précédent 30, par ce dernier 6; et l'on obtient le quotient exact 5, qui termine l'opération. Le dernier diviseur exact 6, est alors le plus grand diviseur commun des nombres proposés; et, en divisant les deux nombres 972 et 282, par 6, les quotiens 162 et 47 seront premiers entr'eux (*c*).

(c) La démonstration est fondée sur trois principes évidens que voici:

88. Si l'on avait la fraction $\frac{282}{972}$ à réduire à sa plus simple expression, on ferait l'opération ci-

---

La somme ou la différence de deux multiples d'un même nombre est un multiple de ce nombre.

Par exemple, 8 fois 7, plus 5 fois 7, donnent 13 fois 7, qui est un multiple de 7;

Et si de 8 fois 7 on retranche 5 fois 7, on aura pour différence 3 fois 7, qui est un multiple de 7.

De plus, *tout multiple d'un nombre, qui est lui-même multiple d'un autre nombre donné, est aussi un multiple de ce dernier;*

C'est-à-dire, que 7 fois 20 est multiple des diviseurs exacts de 20; par exemple, 20 est un multiple de 10; donc, 7 fois 20, ou 140, sera aussi un multiple de 10.

Ainsi, nous croyons que la plupart des lecteurs pourront entendre ce qui suit:

Le plus grand commun diviseur des nombres 972 et 282, que nous désignerons par D, pour abréger le discours, doit diviser le reste 126, qui est l'excès de 972, sur 3 fois 282; car 972 et 282, étant, par supposition, des multiples de D, 3 fois 282, en sera aussi un multiple; et, par conséquent, la différence 126, de ces deux multiples de D, sera elle-même un multiple de D.

En outre, le plus petit nombre 282 et le reste 126 ne peuvent pas avoir de commun diviseur plus grand que D; car, le dividende 972, qui se compose de 3 fois 282 et de 126, en serait nécessairement un multiple : par-là, les nombres proposés acquerraient un diviseur commun plus grand que D, ce qui impliquerait contradiction, puisque D rend les quotiens premiers entr'eux.

Le plus grand diviseur commun D des nombres donnés, l'est donc aussi du plus petit et du premier reste.

dessus, pour avoir le plus grand diviseur commun 6 de ses deux termes, et ensuite on les diviserait par 6, ce qui donnerait $\frac{47}{162}$ pour la fraction irréductible cherchée.

89. La règle pour trouver le plus grand diviseur commun de deux nombres entiers, est susceptible d'un énoncé très-aisé à retenir; le voici :

Il faut diviser le plus grand des deux nombres par le plus petit; s'il n'y a point de reste, le plus petit nombre sera le plus grand diviseur commun.

S'il y a un reste, il faut diviser le plus petit nombre par ce reste; ce premier reste par

---

Cette propriété reconnue, il est évident qu'en procédant à une nouvelle division, il sera le plus grand diviseur commun du premier reste 126 et du second reste 30; il le sera aussi du second reste 30 et du troisième 6, donné par la troisième division, et enfin de deux restes consécutifs pris dans la suite des restes trouvés par les divisions successives.

Mais ces restes allant nécessairement en décroissant, l'opération sera terminée par une division exacte; le dernier diviseur 6 sera donc alors le plus grand diviseur commun des deux restes consécutifs 30 et 6, puisque l'un des quotiens est l'unité; et comme ils ne peuvent pas en avoir un plus fort que D, qui appartient aux nombres primitifs, il s'en suit que 6 sera lui-même le plus grand diviseur commun des nombres proposés.

le second ; celui-ci par le troisième , et continuer toujours de diviser le nombre précédent par le dernier reste, jusqu'à ce qu'on soit parvenu à une division exacte , laquelle terminera l'opération. Le dernier diviseur exact sera , alors , le plus grand diviseur commun des nombres donnés. (Voyez la note *c*).

Si le dernier diviseur exact est égal à l'unité , ce sera l'indice que les nombres proposés sont premiers entr'eux.

De l'Addition des Fractions.

90. *Pour faire l'addition des fractions , il faut les réduire au même dénominateur , si elles n'y sont pas , faire une somme des numérateurs , et donner à cette somme le dénominateur commun.*

Soit proposé d'ajouter ensemble les trois fractions $\frac{3}{7}$, $\frac{2}{5}$ et $\frac{8}{11}$.

En les réduisant au même dénominateur, on aura les suivantes , $\frac{165}{385}$, $\frac{154}{385}$ et $\frac{280}{385}$.

Maintenant , ajoutons les trois numérateurs , 165, 154 et 280 , et nous aurons pour somme 599, à laquelle il faudra faire exprimer des 385-ièmes d'unité , ce qui donnera enfin $\frac{599}{386}$ pour la somme cherchée.

91. Puisque l'on considère ici des 385-ièmes d'unité, l'unité se compose alors de 385 de ces

parties; par conséquent, autant le dénominateur 385 sera contenu de fois dans 599, autant il y aura d'unités entières dans la somme; il faudra donc diviser le numérateur 599 par le dénominateur 385, et le quotient donnera les entiers contenus dans la somme des fractions; en faisant cette division, on trouvera 1 et $\frac{214}{385}$ pour résultat.

92. Ces nombres, composés d'unités entières et de parties d'unité, sont appelés nombres *fractionnaires.*

93. Si l'on avait à réduire un nombre fractionnaire en fraction, ou *à convertir un nombre entier et une fraction, en fraction, il faudrait multiplier l'entier par le dénominateur, ajouter au produit le numérateur, et donner à la somme le dénominateur de cette fraction.*

Soit 12 et $\frac{4}{5}$ à réduire en fraction. Chacune des unités de 12, valant 5 cinquièmes de cette même unité, les 12 en vaudront 60; ainsi, au lieu de 12, on pourra prendre la fraction $\frac{60}{5}$. On aura donc à faire une somme des fractions $\frac{60}{5}$ et $\frac{4}{5}$, ce qui donnera pour résultat $\frac{64}{5}$. Or, 64 vaut 12×5, plus le numérateur 4; donc, la règle énoncée ci-dessus est vraie.

De la Soustraction des Fractions.

94. *Pour soustraire une fraction d'une autre, il faut les réduire au même dénominateur, si*

elles n'y sont pas, ensuite retrancher le plus petit numérateur du plus grand, et donner au reste le dénominateur commun.

Soit proposé de soustraire $\frac{4}{5}$ de $\frac{11}{12}$.

En les réduisant, on aura $\frac{48}{60}$ et $\frac{55}{60}$; maintenant, si l'on retranche 48 de 55, on aura 7 pour différence, et en lui donnant le dénominateur commun 60, on aura $\frac{7}{60}$ pour le résultat cherché.

95. Si les nombres étaient fractionnaires, par exemple, pour soustraire 6 $\frac{8}{9}$ de 15 $\frac{3}{4}$, il faudrait réduire les fractions au même dénominateur, soustraire ensuite la première fraction de la seconde, en empruntant, dans ce cas-ci, une unité sur le plus grand nombre, et quant aux entiers, opérer à l'ordinaire.

L'opération serait ramenée à soustraire de 15 $\frac{27}{36}$,
le nombre fractionnaire 6 $\frac{32}{36}$,

ce qui donnerait le résultat . . 8 $\frac{31}{36}$.

La fraction $\frac{32}{36}$ est plus forte que $\frac{27}{36}$, aussi a-t-on emprunté une unité sur 15, laquelle vaut $\frac{36}{36}$, et en la joignant à $\frac{27}{36}$, on a eu $\frac{63}{36}$, dont on a soustrait $\frac{32}{36}$, ce qui a donné $\frac{31}{36}$ pour reste. Ensuite on a achevé l'opération, en retranchant 6 de 14, et l'on a enfin 8 $\frac{31}{36}$ pour résultat définitif.

Multiplication et Division d'une Fraction par un nombre entier.

96. *Pour multiplier une fraction par un nombre entier, il faut multiplier son numérateur par le nombre, et laisser le même dénominateur.*

Soit la fraction $\frac{8}{9}$ à multiplier par 7 ; il est clair que c'est prendre 7 fois la fraction $\frac{8}{9}$, ou bien, faire une somme de 7 fractions égales à la proposée ; or, cette somme équivaut à $\frac{56}{9}$, ou à $\frac{8 \times 7}{9}$; donc, cela revient à multiplier le numérateur 8 par 7, et à laisser subsister le même dénominateur 9.

D'ailleurs, il est facile de voir, en comparant la fraction $\frac{56}{9}$ à la proposée $\frac{8}{9}$, que dans l'une et l'autre, on considère des neuvièmes d'unité ; par conséquent, celle où l'on en prend le plus, est la plus grande (76) ; or, dans la fraction $\frac{56}{9}$, on prend 7 fois plus de parties que dans $\frac{8}{9}$; donc, enfin, la fraction $\frac{56}{9}$ est 7 fois plus grande que $\frac{8}{9}$.

97. Si c'était un nombre entier 60, par exemple, que l'on eût à multiplier par une faction $\frac{4}{5}$, il faudrait opérer de la même manière, ce qui donnerait $\frac{240}{5}$, ou, en divisant, 48 pour résultat. Car, pour le multiplicateur 1, on aurait 60 pour produit ; donc, pour chaque cinquième, ou pour $\frac{1}{5}$, on aurait le 5-ième du nombre 60, c'est-à-

dire, 12; ainsi, pour les 4 cinquièmes, on aurait 4 fois plus, ou 48, comme ci-dessus. Il est donc indifférent, lorsque les facteurs sont *abstraits*, de multiplier un entier par une fraction, ou une fraction par un entier. Dans les deux cas, on multiplie le numérateur de la fraction par le nombre entier, et l'on divise le produit par le dénominateur pour en extraire les entiers, s'il y en a.

98. *Lorsque le dénominateur de la fraction est divisible par le nombre entier, il est plus commode, dans l'usage, de diviser le dénominateur par l'entier, et de laisser le même numérateur.*

Soit la fraction $\frac{7}{40}$ à multiplier par 5; en divisant 40 par 5, on aura 8, et le résultat cherché sera alors $\frac{7}{8}$, fraction 5 fois plus grande.

Car, pour former la fraction $\frac{7}{8}$, il faudrait diviser l'unité en 8 parties égales, et en prendre 7; pour la proposée $\frac{7}{40}$, l'unité a été divisée en 40 parties égales, et on en a pris 7; on voit donc, par cette formation des parties de l'unité, que les 8-ièmes sont des parties d'unité 5 fois plus grandes que les 40-ièmes; et comme on en prend la même quantité 7, de l'une et de l'autre espèce, il s'en suit que la fraction $\frac{7}{8}$ est 5 fois plus forte que la fraction $\frac{7}{40}$.

99. *Pour diviser une fraction par un nombre entier, il faut multiplier son dénominateur par cet entier, et laisser le même numérateur.*

Soit la fraction $\frac{7}{9}$ à diviser par 8 ; on multiplie le dénominateur 9 par 8, et l'on a $\frac{7}{72}$ pour quotient.

Car, diviser $\frac{7}{9}$ par 8, c'est chercher une fraction 8 fois plus petite que $\frac{7}{9}$: or, en donnant 72 pour dénominateur, on indique qu'il faut partager l'unité, quelle qu'elle soit, en 72 parties égales, ou en 8 fois plus de parties que dans la première fraction, où elle n'a été partagée qu'en 9 ; ces parties sont donc, par là, 8 fois plus petites, c'est-à-dire, que les 72-ièmes sont des parties d'unité 8 fois plus petites que les 9-ièmes ; mais le numérateur est 7 dans l'une et dans l'autre ; donc, la seconde fraction $\frac{7}{72}$ est 8 fois plus petite que la proposée $\frac{7}{9}$.

100. *Si le numérateur était divisible par le nombre entier, il faudrait le diviser, et donner au quotient le même dénominateur.*

Soit $\frac{14}{20}$ à diviser par 7 ; on prendra le 7-ième de 14, qui est 2 ; et comme ce sont des 20-ièmes d'unité que l'on considère, on aura $\frac{2}{20}$ pour quotient.

Car, dans ces deux fractions $\frac{14}{20}$ et $\frac{2}{20}$, l'espèce d'unité est la même ; mais la quantité 2 est 7 fois plus petite que la premiere 14 ; donc, la fraction $\frac{2}{20}$ est 7 fois plus petite que la proposée $\frac{14}{20}$.

En opérant comme ci-dessus (99), on aurait eu $\frac{14}{140}$, laquelle est égale à $\frac{2}{20}$. En effet, celles-ci étant simplifiées (83), se réduiront à la même fraction $\frac{1}{10}$; donc elles sont équivalentes.

Multiplication des Fractions.

101. *Pour multiplier une fraction par une autre, il faut multiplier les numérateurs entre eux, et les dénominateurs entr'eux; et le résultat sera le produit cherché.*

Soit $\frac{7}{9}$ à multiplier par $\frac{5}{6}$; le produit sera $\frac{35}{54}$.

Car, si l'on avait à multiplier $\frac{7}{9}$ par 5 seulement, le produit serait $\frac{35}{9}$ (*voy.* 96); mais ce n'est pas par 5, c'est par $\frac{5}{6}$ que l'on veut multiplier, c'est par un facteur 6 fois plus petit que 5 (*d*); le produit cherché est donc 6 fois plus petit que $\frac{35}{9}$; ainsi, il faudra prendre le 6-ième de cette fraction; c'est à quoi l'on parviendra, en multipliant son dénominateur 9 par 6 (*voy.* 99), ce qui donnera $\frac{35}{54}$ pour le résultat cherché.

En comparant la fraction résultante $\frac{35}{54}$ aux proposées, on voit que 35 est le produit des numérateurs, et 54 celui des dénominateurs.

(*d*) Chaque 6-ième d'unité étant 6 fois plus petit que cette unité, il est évident que les $\frac{5}{6}$ seront aussi 6 fois plus petits que les 5 unités, qui valent 30 sixièmes.

On peut encore regarder la fraction $\frac{5}{6}$ comme un signe particulier pour représenter le quotient de 5 divisé par 6; il est évident alors que le produit du multiplicande par 5 étant formé, il faudra en prendre le 6-ième pour avoir celui qui convient au quotient $\frac{5}{6}$, considéré comme multiplicateur.

On peut dire encore : le produit d'un nombre quelconque, entier, fractionnaire ou fraction, par $\frac{5}{6}$, doit être 5 fois plus grand que le produit de ce même nombre par $\frac{1}{6}$; or, le produit par $\frac{1}{6}$ est 6 fois plus petit que par le multiplicateur 1; ici, par exemple, où le multiplicande est $\frac{7}{9}$, il sera $\frac{7}{54}$; et comme le produit cherché doit être 5 fois plus grand, il faudra multiplier ce résultat par 5, ce qui donnera $\frac{35}{54}$ pour le produit demandé.

102. Il suit de ce qu'on vient de dire, que . . . . $\frac{3}{4} \times \frac{8}{10} = \frac{24}{40}$,
et, en simplifiant, on aura $\frac{3}{5}$.

Que $72 \times \frac{5}{12} = \frac{72 \times 5}{12} = \frac{360}{12} = 30$;
c'est ce qu'on appelle prendre les 5 douzièmes de 72 : or, le 12-ième est 6 : par conséquent, les $\frac{5}{12}$ seront 30.

Il est donc indifférent de multiplier un nombre entier par une fraction, ou une fraction par un nombre entier.

Division des Fractions.

103. *Pour diviser une fraction par une autre, il faut multiplier la fraction dividende par la fraction diviseur renversée.*

Soit $\frac{5}{7}$ à diviser par $\frac{4}{9}$; le quotient sera $\frac{45}{28}$, ou 1 $\frac{17}{28}$, en extrayant les entiers.

Car, si l'on avait à diviser $\frac{5}{7}$ par 4 seulement, il faudrait (99) multiplier le dénominateur 7 par

4, et laisser le même numérateur 5, ce qui donnerait $\frac{5}{28}$; mais ce n'est pas par 4, que l'on veut diviser, c'est par $\frac{4}{9}$, diviseur 9 fois plus petit que 4; le quotient cherché sera donc 9 fois plus grand (*e*) que $\frac{5}{28}$; ainsi, on l'obtiendra en multipliant le numérateur 5 par 9 (96), ce qui donnera $\frac{45}{28}$.

Or, la comparaison de ce résultat avec les fractions données, fait voir que, pour le trouver, il faut multiplier la fraction dividende par la fraction diviseur renversée, c'est-à-dire, $\frac{5}{7} \times \frac{9}{4}$, ce qui donnera $\frac{45}{28}$.

105. *Si l'on avait un nombre entier pour dividende, il faudrait également le multiplier par la fraction diviseur renversée.*

Soit 12 à diviser par $\frac{4}{5}$, le quotient sera $12 \times \frac{5}{4} = \frac{60}{4} = 15$.

Car, chaque unité vaut 5 cinquièmes, ainsi les 12 en vaudront 60; on a donc $\frac{60}{5}$ à diviser par $\frac{4}{5}$; et comme on considère des unités de même espèce de part et d'autre, des 5-ièmes d'unité, on peut n'avoir égard qu'aux quantités, qui sont ici 60 et 4; le quotient sera donc $\frac{60}{4}$, ou 15. Cela

(*e*) Puisque le quotient indique le nombre de fois que le diviseur est contenu dans le dividende, il est évident que si le diviseur diminue, le quotient augmentera : ici, où le diviseur est 9 fois plus petit, le quotient sera 9 fois plus grand.

démontre que la règle donnée (103) est générale, et convient à tout dividende. Exemples :

Ainsi $\frac{7}{10}$: $\frac{4}{6}$ = $\frac{7}{10}$ × $\frac{6}{4}$ = $\frac{42}{40}$, laquelle, en simplifiant, devient $\frac{21}{20}$ = 1 + $\frac{1}{20}$.

De même 18 : $\frac{2}{7}$ = 18 × $\frac{7}{2}$ = $\frac{126}{2}$, ce qui donne, enfin, 63 pour résultat.

Enfin, 4 $\frac{2}{3}$ à diviser par 2 $\frac{5}{7}$, ne présente pas plus de difficulté, en réduisant les entiers en fraction; car cela revient alors à diviser $\frac{14}{3}$ par $\frac{19}{7}$, ce qui donne $\frac{14}{3}$ × $\frac{7}{19}$ = $\frac{98}{57}$ pour quotient.

Des Fractions de fraction.

105. *Soit proposé d'avoir les $\frac{2}{3}$ des $\frac{4}{5}$ des $\frac{7}{10}$ du nombre 300.*

D'après la question même, il est évident qu'il faut d'abord prendre les $\frac{7}{10}$ de 300, ensuite le $\frac{4}{5}$ du résultat, et enfin les $\frac{2}{3}$ de ce dernier résultat : par ces opérations on arrivera à un résultat définitif qui sera la fraction de fraction demandée du nombre 300.

Or, les $\frac{7}{10}$ de 300 se trouvent en divisant 300 par 10, et en multipliant le quotient par 7 ; ici l'on aura 210.

Les $\frac{4}{5}$ de 210 se trouvent en divisant 210 par 5, et en multipliant le quotient par 4; ce qui donne 42 × 4, ou 168 pour le second résultat.

Enfin, les $\frac{2}{3}$ de 168 se trouvent en divisant par 3, et en multipliant par 2 ; ce qui donne

56 × 2, ou 112 pour le résultat définitif que l'on cherche.

En indiquant les opérations à faire,

le premier résultat sera . . $\dfrac{300 \times 7}{10}$,

le second résultat sera . . $\dfrac{300 \times 7 \times 4}{10 \times 5}$,

et le troisième sera . . . $\dfrac{300 \times 7 \times 4 \times 2}{10 \times 5 \times 3}$,

ou, en totalité, sera . . . $\dfrac{300 \times 56}{150}$;

cela revient *à multiplier les trois fractions entre elles, et à prendre cette dernière fraction du nombre.*

Puisque l'opération est ramenée à prendre les $\frac{56}{150}$ de 300, il faut diviser 300 par 150, et multiplier le quotient 2 par 56; cette opération donnera 112 pour le résultat cherché. Si le nombre dont il faut prendre la fraction $\frac{56}{150}$ n'était pas divisible par 150, produit des dénominateurs, (et cela arrive le plus souvent), il faudrait alors le multiplier par 56, produit des numérateurs, et diviser ensuite par 150. Ici, cette manière d'opérer conduit à diviser 16800 par 150.

Exemple

Exemple II.

106. *Déterminer quels sont les $\frac{4}{7}$ des $\frac{8}{9}$ des $\frac{5}{6}$ des $\frac{3}{8}$ de 423360 ?*

Voici le tableau des opérations successives :

Le 8-ième de 423360 est 52920 ; les $\frac{3}{8}$ seront 158760.

Le 6-ième de 158760 est 26460 ; les $\frac{5}{6}$ seront 132300.

Le 9-ième de 132300 est 14700 ; les $\frac{8}{9}$ seront 117600.

Le 7-ième de 117600 est 16800 ; les $\frac{4}{7}$ seront 67200.

C'est ce dernier nombre 67200, qui est la fraction de fraction cherchée.

Pour l'obtenir directement, il faut multiplier les quatre fractions entr'elles, ce qui donnera $\frac{480}{3024}$ pour produit, et prendre cette dernière fraction du nombre proposé 423360.

Or, la 3024-ième partie de 423360 vaut 140, et en la répétant 480 fois, on aura 67200 pour produit. Il sera plus sûr, dans tous les cas, de multiplier 423360 par 480, et de diviser ensuite par 3024.

Nota. Il faut s'habituer à prendre le 6-ième, le 8-ième, etc., et même le 11-ième et le 12-ième, sans écrire le diviseur ni les restes ; on doit ajouter chaque reste au chiffre suivant, comme dixaines, et diviser ; enfin, on ne doit écrire que les quotiens à fur et mesure qu'on les trouve.

Par exemple, pour prendre le 8-ième de 423360, il faut dire:

le 8-ième de 42 est 5, pour 40, reste 2;
——— de 23 est 2, pour 16, reste 7;
——— de 73 est 9, pour 72, reste 1;
——— de 16 est 2, pour 16, reste 0;
et de 0 est 0;

écrire ces quotiens, 5, 2, 9, 2 et 0, à mesure, sous le nombre proposé, et l'on aura le résultat cherché. Ici ce sera 52920.

La pratique des fractions est à la portée des esprits les plus ordinaires; c'est pourquoi les maîtres doivent insister davantage sur la théorie, afin d'étendre les connaissances des élèves, et de leur préparer, par là, l'intelligence des applications.

CHAPITRE III.

Applications.

DANS ce troisième et dernier chapitre, nous donnerons l'application des quatre premières règles et des fractions à la résolution de plusieurs questions d'un usage journalier dans le commerce, et dans les autres états de la société.

Des Nombres complèxes.

107. *On appelle nombres complèxes, ceux qui renferment des unités de différente espèce, mais qui dérivent toutes d'une même unité principale.*

Par exemple, 17 liv. 15 s. 9 den., 40 tois. 5 pi. 4 po. 9 lig., 18 quint. 47 liv. 14 onc. 7 gros, 13 ann. 11 min. 7 jo. 18 heur. 20 ′ 40 ″, etc., sont des nombres complèxes; parce que la *livre tournois*, dans le premier, vaut 20 sols, le sol ou sou vaut 12 deniers; dans le second, la *toise*, qui est une longueur, a été divisée en 6 parties appelées pieds, chaque pied en 12 parties appelées pouces, et ainsi de 12 en 12, auxquelles on donne les noms de lignes, points, primes, etc.; dans le troisième le *quintal*, qui est un poids, a été divisé en 100 parties appelées livres, chaque livre en 16 onces, chaque once en 8 gros, chaque gros en 3 deniers, et chaque denier en 24 grains; enfin, dans le quatrième, l'année, qui est une durée, est supposée de 12 mois, chaque mois de 30 jours, chaque jour de 24 heures, et chaque heure a été divisée et subdivisée de 60 en 60, ce qui donne les minutes, les secondes, les tierces, etc., de temps. Comme l'année ne contient pas 12 mois égaux, dans les calculs où l'on veut de la précision, il faut prendre pour unité principale le jour.

108. On voit, par là, que l'*unité* dans les nombres concrets est, par exemple, une pièce de monnaie d'une certaine valeur, lorsqu'on veut évaluer une somme d'argent; une longueur, lorsqu'on veut mesurer une étendue ou longueur donnée; une surface, lorsqu'on veut mesurer la superficie d'un pré, d'un champ, etc.; un poids, lorsqu'on veut peser les corps ou substances quelconques; une durée ou un temps, pour évaluer d'autres durées ou temps; enfin, l'*unité est une grandeur arbitraire, qui sert de terme de comparaison pour déterminer d'autres grandeurs de même nature;* c'est-à-dire, qu'avec une unité de longueur, de surface, de poids, de temps, etc., on ne peut mesurer que des longueurs, des surfaces, des poids, des temps, etc.

Question Ire.

109. *Un marchand ayant acheté pour 4509 f. 17 s. 9 d. de marchandises de différentes qualités, les a revendues les sommes ci-dessous; trouver son bénéfice?*

Montant de la vente de la 1re. qualité.	1807 f.	15 s.	4 d.
——— de la 2me. . . .	2514	17	9
——— de la 3me. . . .	1079	18	11
——— de la 4me. . . .	974	19	8
somme provenant de la vente . .	6377 f.	11 s.	8 d.
fonds employés à l'achat . .	4509	17	9
gain . . .	1867 f.	13 s.	11 d.

Voici la manière de faire l'addition des sommes, et d'en soustraire le capital employé à l'achat, pour avoir la différence qui est le bénéfice demandé.

Addition.

Le franc valant 20 sous, et le sou 12 deniers, en commençant par les unités de la plus petite espèce, ici par les deniers, il faut en faire une somme qui sera 32 deniers, prélever les 12 contenus, lesquels sont autant de sous, et écrire l'excès 8 au-dessous; joindre les 2 sous aux unités de la seconde espèce, aux sous, ce qui donnera 31 sous, dont on posera les unités, et l'on retiendra les 3 dixaines pour les joindre à celles de cette colonne, la somme sera 7 dixaines; et comme 2 dixaines forment une unité de la première espèce, un franc, on en prendra la moitié, et l'on écrira le reste à cette même colonne; enfin, on portera les 3 francs, provenant de cette moitié, à la colonne des francs, et l'on fera l'addition à l'ordinaire (11), puisque les unités vont de 10 en 10. La somme totale produite par cette vente sera de 6377 francs 11 sols 8 deniers.

Soustraction.

Maintenant, pour en défalquer ou prélever les fonds employés 4509 f. 17 s. 9 d., il faut, après les avoir disposés comme dans l'opération ci-dessus, soustraire 9 d. de 20 d., en empruntant 1 s. sur les 11 s. de la colonne à gauche, et écrire la différence 11 d. au-dessous. Ensuite on soustrait 17 s., non de 10 s., mais de 30 s., en empruntant un franc ou 20 s., sur la colonne des unités de la première espèce, et l'on écrit le reste 13 s. au-dessous; enfin, arrivé aux francs, on soustrait 9 de 16, 0 de 6, 5 de 13 et 4 de 5, et l'on écrit les restes successifs 7, 6, 8 et 1 au-dessous. La différence ou l'excès de la recette sur la somme employée, est donc de 1867 francs 13 sols et 11 deniers; c'est le gain du marchand.

110. Si l'opération était comme la suivante :

647 f. 0 s. 4 d.
139 f. 14 s. 9 d.

reste , 507 f. 5 s. 7 d.

Il faudrait, pour soustraire les 9 deniers, emprunter 1 franc sur le 7, le convertir en sous, ce qui en donnerait 20, emprunter 1 s. sur les 20, le réduire en deniers, joindre ces 12 deniers aux 4 d., et de la somme 16 retrancher le 9 inférieur; le reste sera 7 d., que l'on écrira au-dessous de cette colonne. Les 19 s. tenant lieu de zéro, il faudra en retrancher les 14 s., et écrire le reste 5 s. au-dessous. Enfin, parvenu aux unités principales, on comptera le 7 pour une unité de moins, et comme les nombres vont de dix en dix, on opérera comme à l'ordinaire. (Voyez 16.)

Question II.

111. *Une livre de sucre coûtant 4 f. 15 s. 6 d., trouver à combien cela reviendrait le quintal ou les cent livres ?*

Multiplication.

Puisque chaque livre de sucre vaut 4 f. 15 s. 6 d., il est clair que 2 livres vaudraient le double, 3 livres le triple, etc.; enfin, les 100 livres vaudraient cent fois le prix d'une seule. Il faut donc multiplier 4 f. 15 s. 6 d. par 100, regardé comme abstrait. Voici l'opération :

	4 f. 15 s. 6 d.
	100
produit de 4 f. par 100	400 f.
pour 10 s. ou ½ f., la moitié de 100 . .	50
pour 5 s., la moitié du prod. pour 10 s. .	25
pour 6 d., le 10-ième du prod. pour 5 s. .	2 10 s.
somme ou prix du quintal	477 f. 10 s.

Il faut multiplier 4 f. par 100, ce qui donnera 400 f., ensuite 10 s. ou ½ f. par 100, ce qui donnera la moitié de 100 f., ou 50 francs ; car, si l'on avait 1 franc à multiplier par 100, on aurait 100 francs pour résultat ; or, le facteur 10 s. est la moitié du facteur 1 franc ; donc, le produit qu'il donnera sera la moitié de 100 francs.

Les 5 s. étant le quart d'un franc, il faudrait prendre le quart de 100 francs, ce qui donnerait 25 francs ; mais, à cause que 5 s. est la moitié de 10 s., et que l'on a déjà le produit de 10 s. par 100, il faudra en prendre la moitié ; ici, ce sera la moitié de 50 francs.

Les 5 s. valant 60 deniers, et 6 d. étant le dixième de 60 d., il faudra prendre, pour 6 d., le 10-ième du produit que l'on a eu pour 5 s., ici, le 10-ième de 25 francs, qui est 2 francs et 10 sous.

On voit que cela revient à décomposer les sous et les deniers en parties *aliquotes* (en diviseurs exacts) les uns des autres, et de l'unité principale qui est le franc.

112. Cette méthode est très-courte, et, par-là, préférable à toute autre; cependant en voici une autre qui peut avoir son utilité, dans certains cas.

Il faut réduire les 4 f. 15 s. 6 d. en fraction de franc, multiplier cette fraction par le nombre abstrait 100, et évaluer la fraction résultante en faisant la division.

Les 4 f. 15 s. 6 d. équivalent à la fraction $\frac{1146}{240}$ de f.

en la multipliant par 100

on aura le produit $\frac{114600}{240}$ f.

laquelle évaluée donne 477 f. 10 s.

Pour réduire 4 f. 15 s. 6 d. en deniers, multipliez 4 f. par 20, ajoutez-y les 15 s., et vous aurez 95 sols; multipliez 95 s. par 12, ajoutez-y les 6 deniers, et vous aurez 1146 deniers pour résultat. Maintenant, on sait que chaque denier est la 240 ième partie du franc : donc, autant de deniers, autant de 240-ièmes de francs; ainsi, les 1146 deniers donneront $\frac{1146}{240}$ de franc.

Telle serait la valeur de chaque livre de sucre, dans la question actuelle; les 100 livres vaudraient donc (96) $\frac{114600}{240}$ f., ou en simplifiant, $\frac{2865}{6}$ f. Divisant enfin le numérateur par 6, on aura 477 f. $\frac{3}{6}$. La fraction $\frac{3}{6}$ est une fraction de franc ou de 20 sols ; ainsi pour l'évaluer en sous, il faudra prendre les $\frac{3}{6}$ de 20 s., qui sont $\frac{60}{6}$ de s. = 10 s. Le prix du quintal est donc, comme ci-dessus, de 477 f. 10 s.

Pour exercer l'élève, il faudra lui donner la question suivante, qui se résout de la même manière.

113. *On a acheté 15 quintaux de charbon à 5 f. 14 s. 6 d. le quintal, combien faut-il donner ?*

En opérant par parties aliquotes, il trouvera 85 f. 17 s. 6 d. S'il réduit les 5 f. 14 s. 6 d. en fraction de franc, il trouvera $\frac{1374}{240}$ de f., laquelle multipliée par 15, et simplifiée, donnera $\frac{687}{8}$ de f. = 85 f. $\frac{7}{8}$. La fraction $\frac{7}{8}$ de franc, donne $\frac{140}{8}$ de s. = 17 s. $\frac{4}{8}$; la fraction $\frac{4}{8}$ de sou, donne $\frac{48}{8}$ de d. = 6 d. ; ainsi, en réunissant ces divers résultats, il aura, pour le payement à faire, 85 f. 17 s. 6 d., comme en premier lieu.

Question III.

114. *Une toise d'un certain ouvrage coûtant 7 f. 14 s. 8 d., combien faudrait-il donner pour faire faire 10 toises, 3 pieds, 9 pouces du même ouvrage ?*

Le prix de chaque toise étant supposé le même

et égal à 7 f. 14 s. 8 d., celui de 2 sera double, celui de 3 sera triple, enfin celui de 10 toises sera décuple; il ne sera pas moins facile d'en déduire le prix des 3 pieds, qui valent $\frac{1}{2}$ toise, et celui des 9 pouces, qui sont $\frac{9}{72}$ de toise. Le multiplicateur doit donc être traité comme s'il était abstrait. Voici l'opération :

	7 f.	14 s.	8 d.
	10 t.	3 p.	9 p.
Produit des 7 f. par 10	70 f.		
pour 10 s., la $\frac{1}{2}$ de 10	5		
pour 4 s., le $\frac{1}{5}$ de 10	2		
pour 8 d., le $\frac{1}{6}$ du prod. pr. 4 s. ou 48 d. .	0	6 s.	8 d.
pour 3 pieds, le $\frac{1}{2}$ du prix de 1 toise . .	3	17	4
pour 9 pouces, le $\frac{1}{4}$ du prix des 3 pieds.	0	19	4
somme ou prix de l'ouvrage . . .	82 f.	3 s.	4 d.

Multipliez 7 f. par 10, le produit sera 70 francs. Multipliez 10 s. ou $\frac{1}{2}$ franc par 10, vous aurez $\frac{10}{2}$ de f. = 5 francs. Multipliez 4 s. ou $\frac{1}{5}$ de franc par 10, le produit sera $\frac{10}{5}$ de f. = 2 francs. Puisque 8 deniers sont le sixième de 4 s. ou de 48 deniers, et que le produit de 4 s. par 10 est égal à 2 francs, le produit des 8 d. par 10 en sera le 6-ième, c'est-à-dire, $\frac{2}{6}$ franc ou $\frac{40}{6}$ de s. = 6 s. 8 d.; les $\frac{4}{6}$ d'un sou valant le 6-ième de 48 deniers, qui est 8 deniers. Si l'on réunissait ces produits partiels, on aurait 77 f. 6 s. 8 d. pour le prix des 10 toises.

On aurait pû parvenir directement à ce résultat, en multipliant 8 d., 4 s. et 7 f. par 10, et en prélevant, à chaque résultat, les unités de l'espèce supérieure qui s'y trouvent.

Actuellement, pour les 3 pieds, qui sont la moitié de la toise, il faudra prendre la moitié de la valeur de la toise, la moitié de tout le multiplicande; et comme les 3 pieds valent 36 pouces, et que l'on a 9 pouces, il faudra, pour les 9 pouces, prendre le quart de ce qu'on a eu pour les 3 pieds. La somme de tous ces produits partiels sera le prix cherché 82 f. 3 s. 4 d.

115. Par la seconde méthode, *il faut réduire le multiplicande en fraction de franc et le multiplicateur en fraction de toise, et multiplier ces deux fractions entr'elles* (101), *en regardant la seconde comme abstraite; le produit évalué donnera le résultat cherché.*

Pour réduire les 7 f. 14 s. 8 d. en fraction de franc, il faut multiplier les francs par 20, ajouter les sous; multiplier le résultat par 12, ajouter les deniers, et donner au tout le dénominateur 240 : cette fraction sera $\frac{1856}{240}$ de f. Pour réduire les 10 t. 3 p. 9 p. en fraction de toise, il faut multiplier les toises par 6, ajouter les pieds, multiplier cette somme par 12, ajouter les pouces, et donner au tout le dénominateur 72, valeur d'une toise convertie en pouces; cette fraction sera $\frac{765}{72}$ de t.

En multipliant ces deux fractions on aura

$$\frac{1856 \times 765}{240 \times 72} \text{ de f.} = \frac{1419840}{17280} \text{ de f.}$$

laquelle, étant simplifiée, dev. $\frac{4437}{54}$ de f. = 82 f. 3 s. 4 d.

Pour évaluer cette fraction, il faut diviser son numérateur 4437 f. par 54, le quotient sera 82 f., et le reste 9 f.; comme on ne peut pas prendre le 54-ième de 9 f., il n'y a qu'à les convertir en sous, en multipliant par 20, et diviser le produit 180 s. par 54, ce qui donnera 3 s. pour quotient et 18 s. de reste; on multipliera ce reste par 12, pour le convertir en deniers, et l'on divisera le produit 216 d. par 54, ce qui donnera le quotient exact 4 d. Les quotiens trouvés successivement sont concrets et de même espèce que les dividendes respectifs, parce que le diviseur 54 est abstrait (64). L'évaluation de la fraction $\frac{4437}{54}$ de f. en francs, sous et deniers, donne donc le prix cherché 82 f. 3 s. 4 d.

Question IV.

116. *27 Mètres de ruban ayant coûté 209 f. 2 s. 9 d., trouver à combien revient chaque mètre?*

Division.

Puisque chaque mètre coûte autant, ayant le prix de plusieurs mètres, il faudra le diviser par la quantité de mètres pour avoir le prix d'un seul.

Ainsi, dans la question actuelle, on a à diviser 209 f. 2 s. 9 d. par 27, regardé comme un nombre abstrait. Voici l'opération :

	209 f. 2 s. 9 d.	27
1er. reste . .	20 f.	7 f. 14 s. 11 d.
	20	
	400	
	2 s.	
2me. dividende partiel .	402 s.	
	132	
2e. reste . .	24 s.	
	12	
	288	
	9 d.	
3me. dividende partiel .	297 d.	
	27	
3e. reste . .	0	

Il faut diviser les 209 francs par 27, on aura 7 f. pour quotient et 20 f. de reste ; on réduira les 20 f. en sous, en les multipliant par 20, et l'on ajoutera les 2 s. qui sont dans le dividende, la somme 402 s. divisée par 27, donnera 14 s. pour quotient et 24 s. de reste ; on réduira les 24 s. en deniers, en les multipliant par 12, et l'on y ajoutera les 9 d. du dividende, la somme sera 297 d., qui, étant divisée par le même diviseur 27, donnera le quotient exact 11 d. Le quotient total ou la 27 ième partie du tout, sera donc 7 f. 14 s. 11 d.; c'est la valeur de chaque mètre de ruban. Si l'on avait un reste à la fin de l'opération, on mettrait à la suite du quotient une fraction qui aurait pour numérateur ce reste et 27 pour dénominateur; ce serait une fraction de denier.

On pourrait encore réduire les 209 f. 2 s. 9 d. en fraction de franc, ce qui donnerait $\frac{50193}{240}$ f., et la diviser par 27, le résultat serait (99) la fraction $\frac{50193}{6480}$ f., laquelle, évaluée à l'ordinaire, conduirait à la valeur cherchée. Il est bon d'exercer l'élève à cette manière d'opérer, quoique plus longue, pour lui donner l'habitude des fractions.

Question V.

117. *Si la somme de* 10 *f.* 19 *s.* 4 *d. était le prix d'un jour de travail, combien travaillerait-on de jours pour la somme de* 161 *f.* 9 *s.* 0 *d.* $\frac{8}{9}$?

En réfléchissant un peu à cette question, on verra qu'autant de fois la somme 10 f. 19 s. 4 d., prix d'un jour de travail, sera contenue dans la somme 161 f. 9 s. 0 d. $\frac{8}{9}$ à dépenser, autant il faudra de jours de travail, au prix fixé, pour l'avoir en payement. Or, on sent que pour déterminer combien la plus forte contient de fois la plus petite, il faut les réduire l'une et l'autre en unités d'une même espèce, (ici, ce sera en 9 ièmes de denier), et diviser les deux nombres l'un par l'autre, à la manière des nombres abstraits. Voici l'opération :

```
161 f. 9 s. 0 d. 8/9  { 10 f. 19 s. 4 d.
 20                   {  20
———                      ———
3229 s.                  219 s.
  12                      12
———                      ———
38748 d.                 2632
     9                      9
———                      ———
348740 neuvièmes.        23688 neuvièmes.
```

faisant la division, en regardant ces nombres comme abstraits, on aura :

```
                              348740 { 23688
                              111860 { 14j. 17 h. 20 m.
                               17108
valr. d'un jour en heures . .     24
                              ——————
                               68432
                              34216
                              ——————
                              410592
                              173712
                                7896
valr. d'une hre. en minutes.      60
                              ——————
                              473760
                               00000
```

Le premier reste 17108 donnerait une fraction de

de jour, et comme le jour vaut 24 heures, il faut prendre la même fraction de 24, ce qui revient à multiplier le reste par 24 et à diviser par le diviseur 23688; le quotient sera 17 heures, et l'on aura le reste 7896, lequel donnerait une fraction d'heure; on la convertira en minutes, en prenant cette même fraction de 60, ce qui revient à multiplier le reste par 60 et à diviser toujours par le diviseur 23688; le quotient sera 20 minutes, sans reste. On pourra donc faire travailler pendant 14 j. 17 h. 20 m. avec cette somme. Cette question peut avoir son utilité dans les entreprises faites à forfait, connaissant la quantité d'hommes à employer chaque jour et le prix de la journée, afin d'assigner le temps qu'il faudra pour achever l'ouvrage; ici l'on se contente du nombre de journées seulement.

Question VI.

118. *Le prix de 2 t. 3 pi. 4 po. d'ouvrage étant de 31 f. 13 s. 10 d., trouver à combien cela revient la toise?*

Il faudra ici, comme dans la question 4me., diviser 31 f. 13 s. 10 d. par la quantité de toises; mais, à cause qu'il y a des pieds et des pouces, qui sont des subdivisions de la toise, il faudra d'abord convertir le diviseur en fraction de toise et diviser ensuite par cette fraction regardée comme un nombre abstrait (104).

Or, en multipliant 2 t. par 6, ajoutant 3 pi.,

multipliant le résultat 15 par 12 et ajoutant 4 po.; on aura 184 pouces ; et comme chaque pouce est la 72-ième partie de la toise, les 184 pouces donneront $\frac{184}{72}$ de toise. Maintenant, pour diviser par cette fraction, il faut multiplier le dividende par 72 et diviser le produit par 184. En général, il faut multiplier le dividende par le nombre qui exprime combien il faut d'unités de la plus petite espèce du diviseur pour composer l'unité principale de ce même diviseur, et diviser le produit trouvé par le diviseur réduit en unités de cette plus petite espèce. Voici l'opération :

31 f. 13 s. 10 d.	
72	
62 f.	
217	
36	
7 4 s.	
3 12	
1 16	
1 4	
2281 f. 16 s.	184 diviseur réduit en pouces.
441	12 f. 8 s. 0 d. $\frac{48}{184} = \frac{6}{23}$.
73 f.	
20	
1476	
4	
12	
48	

La division actuelle se fait comme dans les questions précédentes, et donne pour le prix de la toise 12 f. 8 s. 0 d. $\frac{6}{23}$.

L'emploi des nouvelles mesures et la subdivision du franc en décimes et centimes, abrègent toutes ces opérations, en les ramenant aux quatre règles seulement : nous nous en occuperons dans un supplément qui terminera cet ouvrage.

Des Règles de Trois.

119. *Les règles de trois sont des questions dans lesquelles on se propose de déterminer une chose inconnue par la connaissance de trois ou de plusieurs quantités dont elle dépend.*

Les données, qui peuvent toujours être réduites à trois seulement, forment, avec l'inconnue, une proportion.

Mais comme il n'entre pas dans notre plan de donner la théorie des proportions, nous résoudrons les règles de trois par les seules notions acquises jusqu'ici.

Question Ire.

120. 24 *Mètres de corde coûtant* 172 *francs, combien payerait-on pour* 192 *mètres ?*

Si l'on avait le prix d'un mètre de cette corde, le double, le triple, etc., donnerait le prix de 2, de 3, etc., mètres, et, enfin, en multipliant le prix d'un mètre, par 192, on aurait celui de cette quantité, et, par-là, la somme à payer. Or, les 24 mètres ayant coûté 172 francs, un seul coûtera la 24-ième partie, ou $\frac{172}{24}$ f., ainsi, les 192 coûteront $\frac{172 \times 192}{24} = \frac{33024}{24}$ f.; en effectuant la division, on aura, pour le payement à faire, 1376 francs.

Question II.

121. 15 *Hommes travaillant pendant* 80 *jours ont fait un certain ouvrage, par exemple, ont labouré un champ; on demande le temps qu'il faudrait à* 240 *hommes, ayant chacun la même force que les premiers, pour labourer le même champ?*

Puisque l'on suppose que chaque homme fait la même quantité d'ouvrage dans un jour, il est clair que le travail de 15 hommes en un jour, sera le même que celui d'un seul d'entr'eux en 15 jours, et comme ici les 15 hommes travaillent chacun pendant 80 jours, leur travail sera le même que celui d'un seul en 15 fois 80 jours, ou d'un seul homme en 1200 jours. Or, ce temps étant celui qu'il faudrait à un seul homme pour labourer le champ, s'ils étaient 2 hommes de même force, il ne leur faudrait que la moitié de ce temps; 3 hommes n'exigeraient que le tiers de ce temps; et, enfin, les 240 hommes n'emploieraient que la 240-ième patie de ce même temps pour labourer le champ; donc, si l'on représente le temps cherché par T, on aura

$T = \frac{15 \times 80}{240}$ j. $= \frac{1200}{240}$ j. $= 5$ jours.

Ainsi, il faudra seulement 5 jours aux 240 hommes pour faire le même ouvrage que les premiers ont fait en 80 jours.

Remarque.

122. On peut arriver à la solution de cette question d'une manière plus simple que voici :
Les 15 hommes, en 80 jours, feraient autant que 15×80 hommes travaillant pendant 1 jour. De même les 240 hommes dans le temps T, exprimé en jours, feraient autant que $240 \times T$ hommes travaillant un seul jour.

Or, ils ont la même force, ils travaillent pendant un même temps, 1 jour, ils doivent faire le même ouvrage : donc, ils sont nécessairement en même nombre; ainsi $15 \times 80 = 240 \times T$.
Puisque le produit entièrement connu 15×80 ou 1200 a aussi pour facteurs 240 et T, en le divisant par 240, on aura T pour quotient;
donc $T = \frac{15 \times 80}{240} = \frac{1200}{240}$, ou $T = 5$ jours.

Si l'on avait la question suivante :

En 15 jours, marchant 8 heures par jour, un courrier a parcouru une certaine distance; combien devrait-il marcher d'heures par jour pour la parcourir en 50 jours ?

Puisqu'il marche 8 heures chaque jour, dans les

15 jours il fera autant que s'il marchait 15×8 heures de suite.

Maintenant, si l'on représente par x, le nombre d'heures cherché, dans les 50 jours, à raison de x heures chaque jour, il fera autant que s'il marchait $50 \times x$ heures de suite. Dans les deux cas, il a parcouru la même distance, il est, d'ailleurs, censé avoir la même vîtesse, c'est-à-dire, parcourir le même espace dans chaque heure; donc, ces deux temps doivent être égaux. Ainsi $15 \times 8 = 50 \times x$; et, par conséquent, $x = \frac{15 \times 8}{50} = 2$ heures et $\frac{2}{5}$ d'heure.

En raisonnant d'une manière analogue, on résoudra toutes les questions de cette sorte.

Question III.

123. 16 *Hommes travaillant* 20 *jours ont labouré un champ de* 640 *toises carrées de surface; combien* 10 *hommes, en* 18 *jours, laboureraient-ils de toises carrées du même champ?*

Les hommes employés étant censés avoir tous la même force, c'est-à-dire, capables chacun de faire une même quantité d'ouvrage dans un jour, il s'en suit que 16 hommes, en 20 jours, feront autant d'ouvrage que 20 fois 16 hommes en 1 jour; de même les 10 hommes, en 18 jours, feront autant d'ouvrage que 18 fois 10 hommes en 1 jour; la question est donc ramenée à cette autre:

320 h. en 1 j. ont fait 640 toises carrées; combien 180 h. en 1 j. feront-ils de toises du même ouvrage?

Dans celle-ci, si l'on avait l'ouvrage d'un seul homme en 1 jour, en le multipliant par 180, on aurait évidemment l'ouvrage cherché, que j'appelle x. Or, les 320 hommes, doués de la même force, ayant fait, en 1 jour, 640 toises carrées, un seul d'entr'eux, dans le même temps, n'en ferait que la 320-ième partie, ou $\frac{640}{320}$; donc, en multipliant cet ouvrage par 180, on aura l'ouvrage cherché $x = \frac{640 \times 180}{320} = 360$ toises carrées.

Question IV.

124. 16 *Hommes, en 20 jours, ont labouré un champ de 640 toises carrées de surface; trouver le temps x j. qu'il faudrait à 10 hommes, ayant la même force, pour labourer 360 toises carrées du même champ?*

Les hommes étant supposés avoir la même force, il est évident que l'ouvrage d'un seul des 10 hommes, fait en x jours, sera multiple de l'ouvrage d'un homme, pris dans les 16, en 1 jour, et, par conséquent, en divisant l'ouvrage fait en x jours par celui fait dans l'unité de temps, dans 1 jour, on aura pour quotient le nombre de jours qu'il faudrait aux 10 hommes pour faire les 360 toises carrées.

Or, les 10 hommes ayant fait 360 toises en x j., un seul, dans le même temps x j., n'en ferait que la 10ième partie, c'est-à-dire, $\frac{360}{10}$.

Les 16 hommes, en 20 jours, faisant autant que 20 fois 16 h, ou 320 hommes en 1 jour, la quantité d'ouvrage faite par eux étant 640, un seul homme, en 1 jour, en fera la 320-ième partie ou $\frac{640}{320}$ toises carrées.

Ainsi, $\frac{360}{10}$ est l'ouvrage d'un h. en x jours,
$\frac{640}{320}$ est l'ouvrage d'un h. en 1 jour;
et la première fraction contiendra la seconde autant de fois qu'il y aura d'unités dans l'inconnue x. Il résulte de là que x j. $= \frac{360}{10} \times \frac{320}{640} = \frac{115200}{6400}$, et enfin, $x = 18$ jours.

On pourrait simplifier la fraction $\frac{360 \times 320}{10 \times 640}$, avant d'effectuer, en divisant par 100, ensuite par 32, et enfin par 2, ce qui donnerait 18 pour dernier résultat.

Question V.

125. 16 *Hommes en* 20 *jours ont fait* 640 *toises; combien faudrait-il d'hommes pour faire en* 18 *jours* 360 *toises du même ouvrage?*

Les hommes employés, ayant la même force, l'ouvrage de plusieurs hommes en 1 jour sera multiple de l'ouvrage d'un seul homme en 1 jour; donc, si l'on obtient par les données, l'ouvrage de x hommes en 1 jour, et celui d'un seul en 1 jour, le quotient sera la quantité d'hommes.

Or, le nombre inconnu d'hommes en 18 jours, ayant fait 360 toises, le même nombre d'hommes, en 1 jour, n'en auraient fait que la 18-ième partie, ou $\frac{360}{18}$.

Les 16 hommes en 20 jours ayant fait 640 t., en 1 jour les 16 hommes en feraient la 20-ième partie, et enfin 1 homme en 1 jour ferait le 16-ième de ce résultat; par conséquent 1 homme en 1 jour ferait $\frac{640}{20 \times 16}$ t. d'ouvrage.

L'ouvrage de 2, 3, 4, etc., de ces hommes étant double, triple, quadruple, etc., il s'en suit qu'en divisant $\frac{360}{18}$ t., ouvrage du nombre d'hommes cherché, par $\frac{640}{20 \times 16}$ t. ou par $\frac{640}{320}$ t., ouvrage d'un seul d'entr'eux, on aura pour quotient le nombre d'hommes à employer.

Ainsi $x = \frac{360}{18} \times \frac{20 \times 16}{640} = \frac{115200}{11520}$, et, en effectuant, $x = 10$; il faudrait donc 10 hommes pour faire les 360 toises en 18 jours.

Lorsque l'inconnue est exprimée par une fraction réductible, on peut la simplifier avant d'effectuer les opérations indiquées; ici, on pourra diviser les deux termes par 18, par 16 et par 20, et l'on aura enfin $x = \frac{20}{2} = 10$.

On voit, par cette manière de traiter ces sortes de problêmes, que les plus compliqués peuvent être ramenés à ceux que nous avons résolus en premier lieu, sans savoir préalablement distinguer si la règle est directe ou inverse, comme on fait dans tous les traités d'arithmétique. Voici quelques problêmes qui intéresseront les jeunes lecteurs et exerceront leur esprit, ce qui est le but principal dans l'enseignement.

Question VI.

126. *Trois ouvriers s'offrent à un cultivateur pour labourer une terre;*

le 1er. fait 120 toises carrées en 40 jours,
le 2e. fait 72 toises carrées en 18 jours,
et le 3e. fait 150 toises carrées en 30 jours;
trouver l'ouvrage qu'ils feraient, travaillant ensemble, pendant 130 jours?

Il est évident que, si l'on avait la quantité d'ouvrage faite en 1 jour par les trois ensemble, en la répétant 130 fois, on aurait l'ouvrage cherché. Or, le premier faisant 120 toises en 40 jours, dans chaque jour il en fait $\frac{120}{40}$ ou 3; par la même raison, le second en fait $\frac{72}{18}$ ou 4; et le troisième $\frac{150}{30}$ ou 5. En réunissant ces quantités 3, 4 et 5, on aura 12 toises carrées pour le travail de trois en 1 jour; et comme en 2 jours ils en feraient le double, en 3 jours le triple, etc., il s'en suit qu'en 130 jours les trois ouvriers feraient 130 fois 12 toises carrées, c'est-à-dire, 1560 toises carrées.

127. *Si l'on demandait le temps nécessaire à ces trois ouvriers pour faire 1728 toises carrées?*

Il faudrait dire : s'ils font ensemble 12 toises carrées dans chaque jour, pour en faire 2 fois 12 ou 24, il leur faudra 2 jours; pour 3 fois 12, il leur faudra 3 jours, et ainsi de suite; donc, autant de fois la quantité 12 t., pour laquelle il leur faut 1 jour, sera contenue dans l'ouvrage à faire, dans 1728 toises, autant il leur faudra de jours; le temps cherché sera donc exprimé par $\frac{1728}{12} = 144$ jours.

Question VII.

128. *Trois fontaines rempliraient un bassin, la première coulant seule pendant 6 heures, la seconde pendant 10 heures, et la troisième pendant $\frac{4}{5}$ d'heure; trouver en combien d'heures les trois fontaines, coulant ensemble, rempliraient le bassin?*

Il est clair que si l'on avait la quantité d'eau fournie par chacune des fontaines dans une unité de temps, ici dans une heure, en les réunissant on aurait la quantité d'eau fournie par les trois dans une heure, coulant ensemble; et comme l'écoulement est supposé uniforme, il s'en suit que dans deux heures elles donneraient le double de cette quantité, le triple dans 3 heures, etc.; enfin, autant de fois la quantité d'eau fournie par les trois à la fois en 1 heure, sera contenue dans la capacité (la contenance) du bassin, autant d'heures il leur faudra pour le remplir.

Or, la première le remplissant seule en 6 heures, dans chaque heure elle en remplira le 6-ième ou $\frac{1}{6}$; la seconde le remplissant seule en 10 heures, dans chaque heure elle en remplira le 10-ième ou $\frac{1}{10}$; enfin, la troisième employant seulement 4 cinquièmes d'heure pour le remplir, dans chaque cinquième d'heure elle en remplira le quart ou $\frac{1}{4}$ du bassin, et comme l'heure se compose de 5 cinquièmes, dans l'heure elle en fournira 5 fois plus que dans chaque 5-ième d'heure, c'est-à-dire, que la troisième en une heure fournira les $\frac{5}{4}$ du bassin ou le bassin en entier, et un quart de ce même bassin en sus.

La première donne $\frac{1}{6}$ du bassin, en une heure ;
la seconde donne $\frac{1}{10}$ du bassin ;
la troisième donne $\frac{5}{4}$ du bassin ;

en 1 heure, les trois donneront $\frac{1}{6} + \frac{1}{10} + \frac{5}{4}$ du bassin, ou $\frac{10+6+75}{60} = \frac{91}{60}$ du bassin ; donc, si l'on représente la contenance du bassin par 1, la quantité d'eau étant alors $\frac{91}{60}$, en divisant 1 par $\frac{91}{60}$ on aura $\frac{60}{91}$ pour le nombre d'heures qu'il faudrait aux trois fontaines à la fois pour remplir le bassin ; ainsi, le temps cherché est $\frac{60}{91}$ d'heure, ou à cause que l'heure vaut 60 minutes, la minute 60 secondes, etc., en prenant les $\frac{60}{91}$ de 60′ on aura 39′ et la fraction $\frac{51}{91}$ de minute ou de 60″, laquelle évaluée donne 33″ $\frac{57}{91}$; de sorte que le temps cherché est de 0 *h.* 39′ 33″ $\frac{57}{91}$.

Question VIII.

129. *Deux courriers partent au même instant de deux lieux, A et B, et vont dans le sens AB; celui qui part de A fait 7 lieues par heure, et celui qui part de B en fait 3, l'intervalle AB est de 60 lieues; trouver au bout de quel temps ils se rencontreront, et les distances du point de rencontre C aux deux points de départ?*

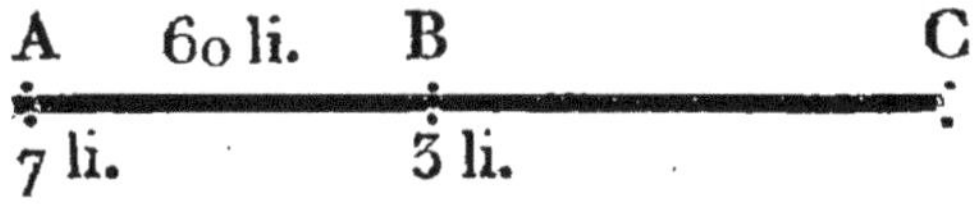

A 60 li. B C
7 li. 3 li.

Puisque le courrier A fait 7 lieues dans chaque heure, si H représentait le temps écoulé depuis l'instant du départ jusqu'à celui de la rencontre, mais exprimé en heures, 7 li. $\times$ H serait la distance parcourue AC par ce courrier. De même, le courrier B faisant 3 lieues dans chaque heure, dans le même nombre d'heures H, il parcourrait la distance 3 li. $\times$ H, c'est BC. Or, la différence AB de ces distances étant de 60 lieues, et la différence entre 7 li. $\times$ H et 3 li. $\times$ H, étant évidemment 4 li. $\times$ H, il s'en suit qu'autant de fois l'espace 4 lieues sera contenu dans 60 lieues, autant il y aura d'heures dans le temps H; ainsi $H = \frac{60}{4} = 15$. Le temps écoulé depuis le départ des deux courriers jusques à leur rencontre est donc de 15 heures.

Delà il est facile de trouver les distances parcourues AC et BC, car le premier faisant 7 lieues dans chaque heure, dans les 15 heures de marche il fera 7 × 15 ou 105 lieues; et le second faisant 3 lieues par heure, dans le même temps 15 heures, il en fera 45.

Question IX.

130. *Si les courriers avec les vitesses 7 li. et 3 li. partaient ensemble des points A et B, distans de 60 lieues, et allaient à la rencontre l'un de l'autre, il serait encore très-facile, en raisonnant de la même manière, de trouver le temps écoulé, depuis leur départ jusqu'à leur rencontre en C, et les distances de ce point aux points de départ.*

C

A.————————————.B

7 li. 60 li. 3 li.

Car H représentant toujours le nombre d'heures écoulées depuis le départ jusqu'à l'instant de la rencontre, le chemin AC du courrier A, sera exprimé par 7 li. × H, celui du courrier B le sera par 3 li. × H; et, comme ces distances composent l'intervalle AB de 60 lieues, il sera exprimé par 10 lieues, répété autant de fois qu'il y a d'unités dans H; donc, réciproquement, autant l'espace 10 li. sera contenu de fois dans 60 lieues, autant il y aura d'unités ou d'heures dans H; ainsi, $H = \frac{60}{10} = 6$ heures.

La distance AC ayant été parcourue en 6 heures, à raison de 7 lieues par heure, sera de 42 lieues; et la distance BC, parcourue en 6 heures, avec une vîtesse de 3 lieues par heure, sera de 18 lieues.

Question X.

131. *Connaissant l'heure d'une montre, trouver l'heure qu'il sera lorsque les deux aiguilles seront l'une sur l'autre?*

La grande aiguille, qui marque les minutes, parcourt le cadran en entier, les 60 divisions, lorsque la petite, qui marque les heures, en parcourt 5 seulement; elle va donc 12 fois plus vîte que l'autre. Maintenant supposons qu'il soit 4 heures, et que l'on veuille avoir l'heure où la rencontre aura lieu?

L'intervalle des aiguilles exprimé en divisions du cadran, est de 20, puisque d'une heure à l'autre il y a 5 de ces divisions. Soit H le temps exprimé en heures qui doit s'écouler depuis le départ des aiguilles jusqu'à leur rencontre, la vîtesse de la grande étant de 60 divisions pour chaque heure, dans H heures elle en parcourra $60 \times H$;

par la même raison, la plus petite aiguille décrivant 5 divisions par heure, dans H heures elle en parcoura $5 \times H$, et comme la différence des arcs parcourus par ces deux aiguilles, ou l'intervalle qui les sépare à l'instant de leur départ, est ici de 20 divisions du cadran, on obtiendra ce même nombre 20 en répétant 55, différence des vîtesses 60 et 5, autant qu'il y a d'heures dans H; par conséquent, autant il y aura de fois 55 dans l'avance 20, que la petite aiguille a sur la grande, autant il y aura d'unités dans H; ainsi le nombre d'heures ou seulement la fraction d'heure écoulée depuis 4 heures jusques à la rencontre des aiguilles sera exprimée par $\frac{20}{55}$ d'heure, ou bien $H = \frac{20}{55}$ de 60 minutes, ce qui donne 21 minutes, 49 secondes et $\frac{1}{11}$ de seconde. Tel est le temps écoulé depuis 4 heures; donc, l'heure cherchée est 4 h. 21′ 49″ $\frac{1}{11}$.

Puisque le temps employé par la grande aiguille pour arriver à la petite est de $\frac{20}{55}$ d'heure, et que dans chaque heure elle décrit 60 divisions ou minutes, l'arc parcouru par cette aiguille sera de $\frac{20 \times 60}{55}$, ou, en simplifiant, de $\frac{20 \times 12}{11}$ minutes; et, comme, en énonçant une heure, on joint à l'heure le nombre de minutes parcourues par la grande aiguille, il s'en suit qu'il faudra à l'heure donnée ajouter les $\frac{12}{11}$ (les 12 onzièmes) de l'avance en minutes, et l'on aura l'heure de la rencontre.

Si l'heure donnée est telle que la grande aiguille n'ait

n'aît pas passé celle des heures, il faudra prendre l'heure précédente, la multiplier par 5 pour avoir l'avance, et en prendre les 12 onzièmes. Si elle a passé celle des heures, il faudra prendre l'heure suivante, et opérer de la même manière.

Par exemple, si l'heure donnée était 5 heures et 20 minutes, il faudrait dire : il est 5 heures, et prendre les $\frac{12}{11}$ de 25′, ce qui donnerait 27′ 16″ $\frac{4}{11}$; par conséquent, la rencontre aurait lieu à 5 h. 27′ 16″ $\frac{4}{11}$.

Si l'heure était 10 heures 52 minutes, il faudrait prendre 11 heures; l'avance serait alors de 55′, et les $\frac{12}{11}$ donneraient 60′, quantité à joindre à l'heure; les deux aiguilles seraient donc l'une sur l'autre à midi ou minuit.

Ces problêmes-ci ont peu d'applications, mais ils exercent l'esprit, et c'est un très-grand avantage.

De la Règle de Société.

132. *La Règle de société sert à partager, entre plusieurs associés, un bénéfice ou une perte, en raison des mises de ces mêmes associés.*

Pour en faire connaître l'esprit, nous donnerons quelques questions que nous résoudrons par les connaissances acquises jusqu'ici, et non par la méthode employée dans tous les traités d'arithmétique.

Question Ire.

133. *Trois personnes ont mis l'une 20 francs, l'autre 45 francs, et la troisième 54 francs ; elles ont fait un bénéfice de 2380 francs : trouver la part qui revient à chacune d'elles ?*

Ce n'est pas avec chacune des mises en particulier que l'on a gagné 2380 francs, mais bien avec leur somme 119 francs ; et comme on suppose tacitement que chaque franc gagne également, le gain d'un franc sera la 119-ième partie du gain total, c'est-à-dire, sera exprimé par $\frac{2380}{119}$ de f. ;

donc, pour 20 francs on aura 20 fois ce gain, ou $\frac{2380}{119}$ de f. $\times$ 20,

pour 45 francs on aura 45 fois ce gain, ou $\frac{2380}{119}$ de f. $\times$ 45,

et pour 54 francs on aura 54 fois ce gain, ou $\frac{2380}{119}$ de f. $\times$ 54.

Mais pour multiplier une fraction par un nombre entier, on multiplie le numérateur et on laisse le même dénominateur (96) ; cela reviendra donc, dans ce cas-ci, à multiplier la somme à partager par chacune des mises 20, 45 et 54, et à diviser chaque produit par la somme des mises.

Cette règle convient à tous les cas ; mais si la somme à partager, comme dans la question présente, était divisible par la somme des mises, il faudrait alors multiplier chacune des mises par ce quotient, et les produits seraient les parts respectives. Le quotient de 2380 f. divisé par 119, est 20 f.; ainsi, en multipliant les mises 20, 45 et 54 par 20 f., on aura 400 f., 900 f. et 1080 f. pour les trois parts cherchées.

Question II.

134. *Trois personnes ont placé leurs fonds pour différens termes; savoir:*

la 1re. *a mis* 400 *francs pendant* 3 *mois*,
la 2e. *a mis* 500 *francs pendant* 7 *mois*,
et la 3e. *a mis* 910 *francs pendant* 8 *mois*;

elles ont gagné 23960 *francs : trouver le bénéfice de chaque associé?*

Il est reçu dans le commerce qu'une somme placée pendant 3 mois produit autant que 3 fois cette somme pendant 1 seul mois; ainsi les

400 f. en 3 mois équivalent à 1200 f. pend. 1 mois,
500 f. en 7 mois équivalent à 3500 f. pend. 1 mois,
910 f. en 8 mois équivalent à 7280 f. pend. 1 mois;

la somme des mises sera 11980 francs.

et comme avec cette somme on a gagné 23960 francs, chaque unité, chaque franc, gagnera $\frac{23960}{11980}$ f.;

ainsi les 1200 f. gagneront $\dfrac{23960\text{ f.} \times 1200}{11980} = 2400\text{f.}$,

les 3500 f. gagneront $\dfrac{23960\text{ f.} \times 3500}{11980} = 7000\text{f.}$,

les 7280 f. gagneront $\dfrac{23960\text{ f.} \times 7280}{11980} = 14560\text{f.}$;

telles sont les parts cherchées.

Question III.

135. *Trois négocians ont fait une société pour 10 mois, et ont gagné 400 francs;*
le 1er. a mis 50 f., 7 mois après il a remis 20 f.;
le 2e. a mis 100 f., 4 mois après il a retiré 40 f.;
le 3e. a mis 140 f. jusqu'au terme ou pendant les 10 mois : trouver le gain qui revient à chacun?

Les 50 francs placés pendant 7 mois, produisent autant que 350 francs pendant 1 mois; et comme le premier au bout de ces 7 mois a joint 20 francs à son capital 50 f., cela fait 70 francs qui restent placés depuis les 7 mois jusqu'aux 10, terme fixé pour la reddition des comptes; ainsi, ces 70 francs pendant 3 mois, équivaudront à 210 francs pendant 1 mois; en y joignant les 350 trouvés ci dessus, nous aurons, pour la mise du premier, 560 francs.

Les 100 francs pendant 4 mois, valent autant que 400 francs pendant 1 mois seulement. Puisque le second retire 40 francs sur les 100 f. du capital, il ne lui reste plus que 60 francs, qui seront censés placés pendant 6 mois, et qui produiront autant que 360 f. pendant 1 mois; de sorte qu'en réunissant 400 f. et 360 f., on aura 760 francs pour sa mise.

Le troisième ayant mis 140 francs jusqu'au terme, qui est de 10 mois, doit être considéré comme ayant mis 10 fois 140 f. pour 1 mois; ainsi 1400 francs est la mise du troisième.

La somme des mises sera donc de 2720 francs. Pour chaque unité de cette mise totale, on aurait $\frac{400}{2720}$ f., ou en réduisant, $\frac{5}{34}$ de franc; ainsi, en multipliant ce résultat par chacune des mises 560, 760 et 1400, on aurait les parts cherchées. Les voici :

1re. part = $\frac{5}{34}$ de f. × 560 = 82 f. 7 s. 0 d. $\frac{24}{34}$,
2e. part = $\frac{5}{34}$ de f. × 760 = 111 f. 15 s. 3 d. $\frac{18}{34}$,
3e. part = $\frac{5}{34}$ de f. × 1400 = 205 f. 17 s. 7 d. $\frac{26}{34}$.

Leur somme = 400 f. 0 s. 0 d.

Question IV.

136. *On a à partager la somme de 4900 francs en trois parts qui aient les conditions suivantes: que la seconde part soit le triple de la première et 200 francs en sus;*

et que la troisième soit le quadruple de la seconde part, plus 700 francs :
trouver les trois parts ?

Dès le prime-abord on voit que, si la première était connue, en suivant les conditions prescrites, on aurait les deux autres ; supposons donc que la première soit représentée par le symbole ou signe . . . . P,

la seconde sera . . 3 P + 200 f.,
et la troisième sera . 12 P + 1500 f.,

la somme des trois parts sera 16 P + 1700 f. ;

mais cette somme doit égaler la somme à partager 4900 f. ;

donc . . . 16 P + 1700 f. = 4900 f. ;

c'est-à-dire, que si à 16 fois la première part, que l'on cherche, on ajoutait 1700 f. on aurait pour somme 4900 f. ; par conséquent, en retranchant de 4900 f. les 1700 f., il restera 16 fois la première part, et en prenant le 16-ième du reste, on aura la part cherchée.

Ici le reste est de 3200 francs,
dont le 16-ième est 200 ; c'est la valeur de la première part.

La seconde vaudra 3 fois 200 f. plus 200 f. ; elle sera donc 800 f.

La troisième vaudra 4 fois 800 f. plus 700 f. ; ainsi elle sera de 3900 f.

Cette question fait partie de celles que l'on connaît sous le nom de règles de fausse position. Toutes les questions de ce genre que l'on trouve dans les traités d'arithmétique, peuvent être résolues de la manière la plus simple, par l'emploi d'un signe, pour désigner l'inconnue; d'autres exigent la connaissance des proportions, ce qui n'entre pas dans notre plan.

Règles d'Alliage.

137. *La règle d'alliage sert à trouver le prix moyen de plusieurs choses dont on connaît les prix particuliers.*

Pour la faire, il faut multiplier chaque espèce de chose par son prix, faire une somme des produits, ce qui donnera la dépense totale, et la diviser par la quantité de choses; le quotient sera le prix moyen de chaque chose, le fort étant reversé sur le faible. En voici un exemple :

Question.

138. *Un marchand a trois qualités de vin, dont voici la facture :*
de la 1re. *qualité*, 60 *tonneaux*, *à* 70 *f. chacun*,
de la 2e. *qualité*, 80 *tonneaux*, *à* 50 *f. chacun*,
de la 3e. *qualité*, 160 *tonneaux*, *à* 43 *f. chacun*;
cette troisième qualité n'étant pas potable, il mêle ensemble les trois qualités : combien fau-

dra-t-il qu'il vende chaque tonneau du mélange pour n'être pas en perte ?

Les	60 tonn.,	à 70 f.,	coûtent . .	4200 f.
les	80 ——	à 50 f.,	coûtent . .	4000 f.
et les	160 ——	à 43 f.,	coûtent . .	6880 f.
	300 tonn.		dépense totale	15080 f.

Cette somme 15080 francs, est le prix des 300 tonneaux; ainsi en la divisant par la quantité de tonneaux, supposés de même capacité, ici par 300, on aura pour quotient 50 f. 5 s. 4 d.; c'est le prix moyen de chaque tonneau du mélange.

Des Règles d'Intérêt.

139. Dans le commerce et dans la société, il est reçu que toute somme prêtée ou empruntée pendant un temps, doit être remboursée avec un bénéfice en sus, lequel dépend, non-seulement du temps, mais encore du bénéfice particulier, fixé par une clause expresse, pour chaque centaine de francs pendant un an.

La somme prêtée s'appelle le *capital* ou le *principal;* le bénéfice que l'on retire, après le temps échu, s'appelle l'*intérêt;* le bénéfice fixé pour cent francs, au bout d'un an, se nomme le *taux* de l'intérêt.

Par exemple, lorsqu'on dit : prêter 5000 f. à cinq pour cent, à sept pour cent, à deux et demi pour cent, etc., par an, (ou à 5 f. p^{r}. $\frac{0}{0}$, à 7 f. p^{r}. $\frac{0}{0}$, à 2 f. $\frac{1}{2}$ p^{r}. $\frac{0}{0}$, etc.), on entend que le capital ou le principal 5000 francs est placé à condition que, pour chaque centaine de francs, on recevra cinq francs de bénéfice au bout d'un an, si le taux est de 5 f. p^{r}. $\frac{0}{0}$; sept francs de bénéfice au bout d'un an, si le taux est de 7 f. p^{r}. $\frac{0}{0}$; et deux francs et demi (deux francs cinquante cent.) de bénéfice au bout d'un an, si le taux est 2 f. $\frac{1}{2}$, ou 2 f. 50 cent., p^{r}. $\frac{0}{0}$.

D'après cela, il est facile de voir que la règle d'intérêt à pour but : *de trouver la somme qu'il faudrait rembourser, intérêts compris, pour un capital placé à un certain taux pour cent, et pendant un temps déterminé.*

Voici plusieurs questions qui mettront les commençans à même de résoudre tous les cas où l'intérêt est simple, c'est-à-dire, les cas dans lesquels le bénéfice de chaque année ne porte pas intérêt. Lorsqu'on veut avoir égard à l'intérêt de l'intérêt, il faut nécessairement connaître quelques théories préliminaires qui se trouvent dans les traités d'arithmétique, mais qui seraient déplacées dans des élémens de la nature de ceux-ci.

Question Ire.

140. *Un particulier place une somme de 8000 francs pour six ans, à 5 f. pour* $\frac{0}{0}$ *d'intérêt;*

trouver la somme qu'il devra recevoir après ce temps ?

Puisque pour chaque centaine de francs il faut donner 5 francs de bénéfice au bout d'un an, pour un franc seulement il faudra en donner le 100-ième, c'est-à-dire, que pour 1 franc, l'intérêt sera $\frac{5}{100}$ de franc, ou $\frac{1}{20}$ de franc; ainsi, en répétant la fraction $\frac{1}{20}$ de f. autant de fois qu'il y a d'unités dans le capital 8000 francs, on aura $\frac{8000}{20}$ de f., ou 400 f. pour l'intérêt de ce capital, après chaque année révolue; puisque l'intérêt est simple, ce dont nous avertissons une fois pour toutes; cela revient donc, pour ce taux-ci, le seul admis par la loi dans les actes publics, à prendre le vingtième du principal, et l'on aura l'intérêt annuel.

De sorte que si la somme ci-dessus avait été placée pour

1 an, on rembourserait 8000 f. + 400 f., ou 8400 f.;
2 ans, ———————— 8000 f. + 800 f., ou 8800 f.;
3 ans, ———————— 8000 f. + 1200 f., ou 9200 f.;
et ainsi d'année en année; enfin pour
6 ans, on rembourserait 8000 f. + 2400 f., ou 10400 f.;
c'est-à-dire, qu'il faut au principal 8000 f., ajouter l'intérêt annuel 400 f., pris autant de fois qu'il y a d'années, ici 6 fois 400 f., ou 2400 f., et l'on aura 10400 f. pour le remboursement à faire à l'échéance.

141. Le taux 5 f. étant le bénéfice de chaque

centaine, en le multipliant par 80, nombre de centaines du principal, on aura 400 f. pour l'intérêt de chaque année; au bout des 6 ans, la somme des intérêts annuels sera 6 fois 400 f., ou 2400 f.; c'est l'intérêt du capital à la fin des 6 ans; enfin, en y joignant le principal, 8000 f., on aura 10400 f. pour la somme à rembourser.

142. *Si l'on voulait trouver immédiatement la somme à rembourser, il faudrait chercher le remboursement à faire pour 1 franc, placé pendant 6 ans, et le multiplier par le capital.*

Or, 100 francs donnent 5 francs d'intérêt après 1 an, 10 francs après 2 ans, 15 francs après 3 ans, et enfin 30 francs après 6 ans; pour 100 francs de principal il faudrait donc donner, après 6 ans, 130 francs, principal et intérêts compris; par conséquent pour les 80 centaines renfermées dans le principal 8000 f., on aurait 80 fois 130 f. ou 10400 francs.

Ou bien encore, puisque pour 100 francs placés il faudrait rembourser 130 francs, au bout de 6 ans, pour 1 franc seulement on donnerait le 100ième, c'est-à-dire, que pour 1 franc de principal, le remboursement serait de $\frac{130}{100}$ de franc; ainsi en le multipliant par le capital 8000 f.; on aurait $\frac{130 \times 8000}{100}$ de f., ou 10400 francs pour la somme à rembourser, intérêts compris.

Le taux 5 f. p. $\frac{0}{0}$ se réduisant à $\frac{1}{20}$ de f. pour chaque franc, après 6 ans on auroit $\frac{6}{20}$ de franc d'intérêt à joindre au principal 1 franc, ainsi pour 1 franc on rembourserait, après 6 ans, $1 + \frac{6}{20}$ ou $\frac{26}{20}$ de f.; donc, pour les 8000 francs on rembourserait 8000 fois cette fraction, ou $\frac{26 \times 8000}{20}$ de f., laquelle donne, en effectuant, 10400 francs, comme ci-dessus.

143. Toutes ces manières d'opérer reviennent, en général : *à multiplier le taux pour 1 franc, par le nombre d'années, à joindre le résultat à l'unité, et à multiplier cette somme par le capital exprimé en francs; le produit sera la somme à rembourser, capital et intérêts compris.*

Si l'on ne demandait que l'intérêt du capital après un certain temps, il suffirait de multiplier le taux pour 1 f. par le nombre d'années et par le nombre de francs du principal.

Question II.

144. *Un particulier a placé une somme de* 6480 *francs, pour* 7 *mois seulement, à* 4 *f. pour* $\frac{0}{0}$ *par an : trouver la somme à rembourser après le temps échu?*

Puisque 100 francs donnent 4 f. au bout d'un an, chaque franc donnera $\frac{4}{100}$ de f., et au bout de 7 mois, ou $\frac{7}{12}$ d'année, chaque franc donnerait $\frac{4}{100} \times \frac{7}{12}$, ou $\frac{28}{1200}$ de franc d'intérêt; donc, pour 1 franc placé, il faudrait rembourser $1 + \frac{28}{1200}$, ou $\frac{1228}{1200}$ de f.; ainsi, pour les 6480 frans de capital, on aurait $\frac{1228 \times 6480}{1200}$ de f., ou 6631 f. 4 s. à rembourser pour s'acquiter.

Si l'on eût voulu l'intérêt au bout des 7 mois, sans y joindre le principal, il aurait fallu multiplier l'intérêt $\frac{28}{1200}$ de f. de 1 franc pendant 7 mois, par le capital 6480, et l'on aurait trouvé 151 f. 4 s.

Question III.

145. *Un particulier emprunte d'un autre une somme de 1230 francs, pour 3 ans et 8 mois, à 6 f. $\frac{1}{2}$ pour $\frac{0}{0}$ par an ; il offre un billet payable à cette époque : quel doit être le montant du billet ?*

Tout billet payable à un certain terme, renferme le principal et les intérêts, calculés d'après le taux et le temps de l'échéance ; il est donc égal à la somme à rembourser, calculée comme dans les questions précédentes.

Ici le taux 6 $\frac{1}{2}$ revient à $\frac{13}{2}$ de f. pour 100 f., et à $\frac{13}{200}$ de f. pour chaque franc ; en le multipliant par le temps, 3 ans 8 mois, ou $\frac{44}{12}$ d'année, on aura l'intérêt de 1 f. au bout de ce temps, lequel sera $\frac{13}{200} \times \frac{44}{12}$, ou $\frac{572}{2400}$ de francs ; ainsi, le remboursement à faire pour chaque franc placé, serait, à l'échéance, de $1 + \frac{572}{2400}$, ou $\frac{2972}{2400}$ de f. ; donc, pour les 1230 francs, on aurait (143), $\frac{2972 \times 1230}{2400}$ de f., ou 1523 f. 3 s. ; tel serait le montant du billet.

146. Quant aux intérêts compris, il est facile de les trouver immédiatement, en multipliant l'intérêt de 1 franc, qui est $\frac{672}{2400}$ de f., au terme fixé, par le capital 1230 f., ce qui donnera $\frac{672 \times 1230}{2400}$ de f., ou 293 f. 3 s.

Ainsi, le principal est . . 1230 f.
les intérêts échus sont de . 293 f. 3 s.

donc la somme est de. . 1523 f. 3 s.;
c'est le montant du billet offert par l'emprunteur. Passons à la question inverse.

Question IV.

148. *Un marchand a reçu en payement, pour une livraison de marchandises, un billet de 1820 francs, payable dans 5 ans, les intérêts étant à 6 f. pour $\frac{0}{0}$ par an : déterminer le montant de la vente qu'il a faite?*

Le billet renfermant le principal, qui est ici le prix des marchandises vendues, et les intérêts de 5 ans, la question sera résolue si l'on parvient à trouver ce principal.

Or, le taux de 6 f. pour $\frac{0}{0}$ par an, revient à $\frac{6}{100}$ de f. pour 1 franc, et dans 5 ans on aura $\frac{30}{100}$ de f., pour chaque franc de principal; par conséquent, pour 1 franc placé, il faudrait rembourser, au bout de 5 ans, une somme exprimée par

$$1 + \frac{30}{100} \text{ de f., ou par } \frac{130}{100} \text{ de franc;}$$

ainsi, la somme 1820 francs, à payer dans 5 ans,

est égale au principal cherché, multiplié par la fraction $\frac{130}{100}$ de f.; donc, réciproquement, en la divisant par cette fraction, on aura pour quotient le principal.

De là, il résulte que le principal $= \frac{1820 \times 100}{130}$ de f. (104), et, en effectuant, on aura 1400 francs pour résultat. Le marchand a donc vendu pour 1400 francs de marchandises.

Question V.

148. *Un particulier a placé une somme de 1800 francs pendant 9 ans; au bout de ce temps il a reçu en remboursement, intérêts compris, 2934 francs : trouver à quel taux pour cent il avait placé ses fonds ?*

Puisqu'on obtient (141) la somme remboursée, en ajoutant au capital autant de fois l'intérêt annuel de ce même capital qu'il y a d'années, on aura l'intérêt des 1800 francs, au bout d'un an, en soustrayant le principal 1800 f. de la somme remboursée 2934 f., et en divisant la différence 1134 francs par 9, qui est ici le nombre d'années; le quotient $\frac{1134}{9}$ de f., ou 126 francs, sera l'intérêt annuel.

L'intérêt annuel d'un capital quelconque est égal au taux pour cent, multiplié par le nombre de centaines renfermées dans ce capital; il est évident alors que pour avoir le taux, connaissant l'intérêt annuel, il faudra diviser cet intérêt par le 100-ième du principal.

Ici l'intérêt annuel est de 126 francs, le 100-ième du principal est 18; donc, en divisant 126 par 18, on aura $\frac{126}{18}$ de f., ou 7 francs, pour le taux auquel la somme a été placée.

Remarque.

Comme nous ne donnerons le calcul décimal qu'à la fin de cet opuscule, si le principal n'était pas divisible par 100, il faudrait seulement indiquer l'opération, ce qui reviendrait ici, à diviser 126 par la fraction $\frac{1800}{100}$ de f. d'après la méthode ordinaire (104); cela donnerait $\frac{12600}{1800}$ de f. $=$ 7 francs, comme ci-dessus.

Cette question peut être présentée sous une autre forme; c'est pourquoi je vais en discuter une pour ôter tout embarras à l'élève.

Question VI.

149. *La somme de 4350 francs a produit au bout d'un an, un bénéfice de 522 f.; trouver à quel taux pour cent par an cette somme a été placée?*

Quel que soit le bénéfice de chaque franc, il faut le supposer le même pour tous les francs de la somme; ainsi, les 4350 f. ayant produit 522 f. de de bénéfice, chaque franc en produira la 4350-ième partie, c'est-à-dire, que le gain de 1 f. $= \frac{522}{4350}$ de f. à la fin de l'année; mais le taux cherché est le bénéfice ou le gain de 100 francs, donc il sera exprimé par $\frac{522 \times 100}{4350}$ de f., ce qui donne 12 francs. La somme de 4350 f. a donc été placée à 12 f. pour cent par an.

150. *Si les mêmes fonds 4350 francs n'avaient produit que 1044 francs de bénéfice en trois ans; quel serait le taux?*

En divisant 1044 f. par le nombre de francs de la somme placée, par 4350, on aura le bénéfice de chaque franc en 3 ans; et en le multipliant par 100, on aura celui de 100 francs en 3 ans; ainsi, pour 100 f. en 3 ans, on a $\frac{1044 \times 100}{4350}$ de f.; et comme on cherche le bénéfice de 100 francs en un an seulement, qui est le taux, il faut encore le diviser par le temps exprimé en années, ici par 3, ce qui donnera $\frac{1044 \times 100}{4350 \times 3}$ de f. $= \frac{104400}{13050}$ de f., ou enfin 8 francs : c'est le taux cherché. Les fonds ont donc été placés à 8 f. pour $\frac{0}{0}$ par an.

151. *Si les fonds 4350 francs n'avaient produit que 108 f. 15 sols au bout de 5 mois, quel serait le taux pour $\frac{0}{0}$?*

Il faudrait diviser 108 f. 15 s., ou $\frac{2175}{20}$ de f. par 4350 f., et l'on aurait $\frac{2175}{20 \times 4350}$ de f. pour le gain de 1 f. en 5 mois; en le multipliant par 100, on aurait celui de 100 francs en 5 mois, lequel serait exprimé par $\frac{2175 \times 100}{20 \times 4350}$ de f.; en 1 mois, on aurait le 5-ième; et enfin, en 12 mois ou un an, on aurait 12 fois celui de 1 mois; le gain de 100 francs en 1 an, ou le taux cherché, serait donc exprimé par $\frac{2175 \times 100 \times 12}{20 \times 4350 \times 5}$ de f.; et en effectuant, on trouvera 6 francs pour résultat; on voit donc que les fonds ont été placés à 6 francs pour $\frac{0}{0}$ par an.

152. *Si les 4350 francs n'avaient produit que 478 f. 10 s. en 2 ans et 9 mois, à quel taux les aurait-on placés?*

D'après tout ce que l'on vient de dire, il est facile de voir qu'il faut diviser le bénéfice, exprimé en francs, par le nombre de francs du capital, ce qui donnera le gain de 1 franc; ensuite multiplier par 100, et l'on aura le gain de 100 f. dans le temps donné. Ce temps renfermant des mois, il faut le réduire en mois, et diviser le gain que l'on vient de trouver pour 100 f. par la quantité de mois, le quotient sera le gain de 100 f. en 1 mois; enfin, en le multipliant par 12, on aura le bénéfice de 100 f. en 1 an; ce sera le taux cherché.

Toutes ces opérations étant indiquées seulement,

ce qui est plus commode, conduiront à l'expression suivante du taux pour $\frac{0}{0}$ par an :

$$\text{taux} = \frac{9570 \times 100 \times 12}{20 \times 4350 \times 33} \text{ de f.};$$

maintenant, en réduisant, autant que possible, et divisant, on trouvera 4 francs; tel est le taux auquel les fonds ci-dessus ont été placés.

L'élève, en résolvant lui-même plusieurs questions de cette nature, pourra profiter des réductions qui se présenteront; mais il doit toujours indiquer, c'est le moyen le plus court et celui où l'on se trompe le moins, puisqu'on a sous les yeux l'ensemble des opérations à faire pour arriver au résultat.

Il verra aussi, en y réfléchissant, que ces questions-ci rentrent dans le cas de la question 5me. (148), en ajoutant les fonds à leur bénéfice pour le temps donné.

Question VII.

153. *Un particulier place la somme de 2360 francs à 11 pour $\frac{0}{0}$ par an; après un certain temps il reçoit en remboursement la somme de 4696 f. 8 s. : trouver le temps que ces fonds ont été placés ?*

La somme 4696 f. 8 s. donnée en remboursement, vaut le capital 2360 f., plus l'intérêt d'un an, de ce même capital, multiplié par le nombre d'années que l'on cherche; donc, en déduisant le principal 2360 f. de la somme remboursée, le reste 2336 f. 8 s., sera égal à l'intérêt annuel multiplié par le nombre d'années; par conséquent, en le divisant par l'intérêt annuel, on aura le temps cherché, exprimé en années.

Quant à l'intérêt annuel, il est facile de l'obtenir; car, chaque centaine de francs donnant 11 f. de bénéfice au bout d'un an, en multipliant 11 f. par le nombre de centaines du principal 2360 f., par $\frac{2360}{100}$, on aura le gain de cette somme au bout d'un an; ainsi l'intérêt annuel sera exprimé par $\frac{2360 \times 11}{100}$ de f.; divisant enfin le bénéfice 2336 f. 8 s., ou $\frac{46728}{20}$ de f., par l'intérêt annuel $\frac{2360 \times 11}{100}$ de f., le quotient sera $\frac{46728 \times 100}{20 \times 2360 \times 11}$, et, en effectuant, on trouvera 9 pour le temps cherché.

Les fonds ont donc été placés pendant 9 ans.

154. *Un négociant emprunte une somme de* 6740 *francs, à* 7 *f. pour* $\frac{0}{0}$ *par an; il donne un billet de* 8902 *f.* 8 *s.* 4 *d.* : *trouver le temps de l'échéance?*

Si l'on se rappelle que le montant d'un billet est égal au capital ou principal, plus l'intérêt annuel de ce même principal, pris autant de fois qu'il y a d'années jusqu'à l'échéance, on trouvera que le temps cherché est exprimé

par $\frac{51898 \times 10}{24 \times 674 \times 7} = 4$ ans et 7 mois.

Règle d'Escompte.

155. *La règle d'escompte a pour but de trouver la valeur comptant d'un billet, lorsqu'on veut l'acquitter un certain temps avant son échéance.*

Pour la résoudre, il faut déterminer le principal, au moyen du taux pour cent, du temps, compté depuis la date du billet jusqu'à l'échéance, et de la somme énoncée dans le billet (147); ensuite, avec ce principal, le taux, et le temps avant l'échéance, il faut calculer les intérêts à déduire, ou à escompter, du montant du billet, et le résultat sera la valeur comptant de ce même billet à l'époque antérieure donnée.

Question Ire.

156. *Un marchand a reçu en payement un billet de 2340 francs, payable dans 5 ans; son débiteur lui offre, 3 ans avant l'échéance, de le payer comptant, mais en escomptant les intérêts calculés sur le taux de 6 pour* $\frac{0}{0}$ *: combien devrait-il lui donner pour s'acquitter?*

Il est de convention qu'en payant un billet un certain temps avant son échéance, on gagne les intérêts évalués pour ce temps; par conséquent ils doivent être mis hors de compte, ou escomptés du billet ; et comme on trouve les intérêts par le principal, il faut le chercher.

Or, chaque centaine de francs rapportant 6 f. au bout d'un an, au bout de 5 ans, terme de l'échéance, elle rapporterait 30 francs ; de sorte que pour 100 francs placés, on rembourserait 130 francs, et pour chaque franc seulement, le remboursement serait de $\frac{130}{100}$ de franc ; donc, pour 2 f., 3 f., 4 f., etc., on donnerait le double, le triple, le quadruple, etc. De là il suit que la somme à payer, principal et intérêts compris, après 5 ans, contiendra la fraction $\frac{130}{100}$ de franc, autant qu'il y aura de francs dans le principal. Dans la question présente, il faudra diviser 2340 par $\frac{130}{100}$ de f., et l'on aura $\frac{2340 \times 100}{130}$ de f., ou 1800 francs pour le principal du billet.

Ayant le principal 1800 f., et le taux 6 pour $\frac{0}{0}$, on trouvera facilement les intérêts des 3 ans qui restent à échoir pour arriver au terme de l'échéance ; car, si chaque centaine rapporte 6 au bout d'un an, elle rapportera 18 dans 3 ans, et pour 1 f. seulement, on aurait $\frac{18}{100}$ de franc d'intérêt en 3 ans ; donc, pour les 1800 f. de principal, on aurait $\frac{1800 \times 18}{100}$ de f., ou 324 francs. C'est la somme à déduire, ou à escompter du billet. En voici le calcul :

montant du billet	2340 f.
les intérêts de 3 ans, à escompter . . .	324
le reste . . .	2016 f.

sera la valeur, argent comptant, que devrait donner le débiteur pour se libérer envers le marchand.

Il y a une autre manière d'opérer qui est plus simple, quant à la pratique, mais dont la théorie (*a*) n'est pas à la portée de tous les commençans; la voici :

(*a*) Soit P le principal du billet offert, en le mutipliant par $\frac{130}{100}$ de f., qui est la somme à rembourser pour 1 franc placé à 6 pour $\frac{0}{0}$, pendant 5 ans, on aura $P \times \frac{130}{100}$ de f., pour l'expression de la somme énoncée dans ce billet.

Ce même principal P, placé pendant 2 ans, époque où le débiteur veut se libérer, deviendrait $P \times \frac{112}{100}$ de f.; c'est l'expression de la valeur comptant que l'on cherche. De sorte qu'en représentant cette valeur comptant par V, on aura $V = P \times \frac{112}{100}$ de f.; d'ailleurs, la valeur énoncée dans le billet, ou $2340 = P \times \frac{130}{100}$ de f.; donc, en divisant la première égalité par la seconde, et supprimant le facteur commun $\frac{P}{100}$, ce qui ne change pas le quotient, on aura

$$\frac{V}{2340} = \frac{112}{130}.$$

Tel est le rapport entre la valeur comptant du billet, 3 ans avant l'échéance, et sa valeur à l'échéance, lequel, comme on voit, est indépendant du principal.

Cela posé, puisque la 2340-ième partie de V, de la valeur comptant, vaut la fraction $\frac{112}{130}$ de f., en multipliant cette fraction par 2340, nous aurons V pour produit.

Ainsi, $V = \frac{2340 \times 112}{130}$ de f. $= 2016$ francs;

c'est-à-dire, que pour avoir la valeur comptant d'un billet à une époque antérieure, *il faut multiplier la* SOMME *énoncée, par ce que deviendraient* 100 *francs à cette époque anté-*

157. Pour 100 francs placés à 6 pour $\frac{0}{0}$ par an, on donnerait, au bout de 5 ans, 30 francs de bénéfice; ainsi, 100 f. exigeraient un remboursement de 130 francs.

Cette même somme de 100 francs, placée à 6 pour $\frac{0}{0}$ pendant 2 ans, donnerait 12 f. de bénéfice, et, en les joignant au principal, on rembourserait 112 francs.

Cela posé, supposez que 130 francs, payables dans 5 ans, donnassent 12 francs comptant, 3 ans avant l'échéance; pour 1 franc seulement, payable aussi dans 5 ans, il ne faudrait donner que la 130-ième partie de 112 f., c'est-à-dire, $\frac{112}{130}$ de franc; donc, pour la somme de 2340 francs, il faudra payer une somme exprimée par $\frac{2340 \times 112}{130}$ de f., laquelle, en effectuant les opérations indiquées, donnera 2016 francs pour la valeur comptant du billet, 3 ans avant l'échéance (*b*).

---

rieure, et diviser le produit par ce que deviendrait la même somme de 100 francs à l'époque de l'échéance; ces deux-ci étant calculées d'après le taux convenu.

(*b*) Si l'on désirait l'escompte séparément, il faudrait suivre la règle que nous allons trouver, et non pas celle en usage, qui est fausse, et contre l'intérêt du créancier.

L'expression trouvée $V = \frac{2340 \times 112}{130}$ de f. donne la proportion $130 : 112 :: 2340 : V$, et en appliquant le changement par la soustraction, on aura

158. Pour avoir l'escompte seulement, on dirait :

A 6 pour $\frac{0}{0}$ de taux par an, en 3 ans on aurait 18 francs d'intérêt, le capital étant 100 f.; donc, pour un billet du montant de 130 francs, l'escompte, pour 3 ans avant l'échéance, serait de 18 francs; et, par conséquent, si le montant était de 1 franc, l'escompte serait de $\frac{18}{130}$ de f.; or, pour 2 f., 3 f., etc., il serait le double, le triple, etc.; donc, pour 2340 f. l'escompte serait de $\frac{2340 \times 18}{130}$ de f., ou 324 francs; lequel, prélevé de 2340 f., donnerait 2016 f. pour la valeur cherchée du billet.

$$130 : 130 - 112 :: 2340 : 2340 - V,$$

ou $130 : 18 :: 2340 :$ l'escompte;

donc, l'escompte cherché $= \frac{2340 \times 18}{130}$ de f., ou 324 f.

Or, 18 est le taux pour cent multiplié par le nombre d'années à échoir (ici 6 par 3), 130 est ce que deviendraient 100 f. au bout du temps fixé pour l'échéance, de plus, 2340 est la somme énoncée par le billet; donc, pour avoir immédiatement l'escompte, il faut :

Multiplier le montant du billet par le taux répété autant de fois qu'il y a d'années à échoir, et diviser le produit par ce que deviendraient 100 francs placés pendant tout le temps, compté depuis la date jusqu'à l'échéance, mais exprimé en années.

Ayant l'escompte, on le soustraira du montant du billet, et le reste sera sa valeur comptant à l'époque antérieure fixée.

Ceux qui seront assez forts pour concevoir la note (*a*), verront que le rapport, entre la valeur comptant d'un billet, un certain temps avant l'échéance, et la somme énoncée dans ce même billet, est indépendant du principal; c'est ce qui rend notre hypothèse (157) admissible.

Remarque.

159. Dans l'interêt simple, on calcule les intérêts, et on les joint au principal pour trouver la somme à rembourser à une époque donnée, ou pour former le montant d'un billet payable à cette époque; donc, d'après cela, *la valeur comptant d'un billet, à une certaine époque antérieure à l'échéance, est égale au principal, plus les intérêts des années échues*, ou bien, *au montant du billet* (qui n'en est pas la valeur nominale tant qu'on n'est pas à l'époque de l'échéance), *moins les intérêts égaux des années à échoir;* intérêts qui dépendent du principal, du taux fixé, et du temps avant l'échéance.

On doit calculer la valeur comptant, ou calculer l'escompte, comme nous l'avons fait aux paragraphes (156), (157), (158), et d'après les notes (*a*) et (*b*).

160. Quelques auteurs d'arithmétique commerciale opèrent différemment, et cela, pour se con-

former à l'usage admis (sans raison valable) dans plusieurs villes de commerce.

Ils supposent que la valeur comptant d'un billet, à une époque antérieure à celle de l'échéance, est la somme qui, placée au taux pour cent convenu, et pendant le temps à échoir, donnerait le montant du billet. (Voyez l'arithmétique de M^r. Bardoux, pages 147, 148 et 149, édition de 1806.)

Cette hypothèse, qui est vraie dans l'intérêt composé, où l'on a égard à l'intérêt de l'intérêt, est fausse dans ce cas-ci, où l'intérêt de chaque année est censé séparé du principal; on y cumule les intérêts sans qu'ils portent intérêt, par conséquent l'intérêt de dix ans, par exemple, est décuple de celui d'un an. La valeur comptant d'un billet, dix ans avant l'échéance, est égale au montant, moins dix fois l'intérêt annuel du principal du billet, ou au principal, plus l'intérêt annuel, de ce même principal, multiplié par le nombre d'années échues.

161. Quoique cette manière d'envisager la question soit entièrement contraire à la théorie, et soit désavantageuse au créancier, nous la donnerons pour ceux qui voudront se conformer à l'usage établi.

Question Ire.

Soit donc proposé d'avoir la valeur comptant d'un billet de 2340 francs, payable dans 5 ans, 3 ans avant l'échéance; le taux de l'intérêt étant à 6 pour % par an.

En admettant que la valeur comptant, cherchée soit la somme, qui, placée pendant 3 ans, donnerait (principal et intérêts compris) le montant du billet, il faudra opérer comme ci-dessous.

Chaque centaine donnant 6 au bout d'un an, donnerait 18 d'intérêt au bout de 3 ans; et pour 100 francs placés, ou rembourserait, après 3 ans révolus, 118 francs; par conséquent, pour 1 franc de principal, on donnerait $\frac{118}{100}$ de f. après 3 ans, capital et intérêts compris; et, comme pour 2, 3, 4 f., etc., il faudrait rembourser le double, le triple, le quadruple, etc., en multipliant cette fraction $\frac{118}{100}$ de f. par le principal, exprimé en francs, on aurait pour résultat la somme à payer après 3 ans, capital et intérêts; ici, ce serait le montant du billet, ou 2340 francs. Donc, réciproquement, en divisant 2340 f. par la fraction $\frac{118}{100}$ de f., ce qui revient à multiplier 2340 f. par $\frac{100}{118}$ (61), on aura le principal cherché.

Ces opérations, conduisent à l'expression $\frac{2340 \times 100}{118}$ de f., ou à $\frac{234000}{118}$ de f., laquelle donne

1983 f. 1 s. 0 d. $\frac{12}{59}$. Telle est la valeur comptant qu'il faudrait (dans cette hypothèse) donner 3 ans avant l'échéance.

162. Si, dans le même cas, on voulait calculer l'escompte immédiatement, on dirait : 118 francs après 3 ans, renferment 18 francs d'intérêt ; ainsi, pour 118 f., l'escompte serait de 18 francs, au taux ci-dessus ; donc, pour 1 franc, l'escompte serait la 118-ième partie de 18 f., ou $\frac{18}{118}$ de f. ; et autant de francs dans la somme à payer, après les 3 ans, autant de fois cette fraction. Or, ici le montant du billet, ou la somme qu'il faudrait payer après 3 ans, ou à l'échéance, est 2340 f. ; donc, l'escompte cherché, sera exprimé par $\frac{2340 \times 18}{118}$ de f., ce qui donnera, en effectuant, 356 f. $\frac{66}{59}$, ou, si l'on veut, 356 f. 18 s. 11 d. $\frac{47}{59}$.

Cela fait, le montant du billet est de	2340 f.	
l'escompte pour 3 ans, est de	356	18 s. 11 d. $\frac{47}{59}$.
le reste, ou la val^r. compt. à pay., sera	1983 f.	1 s. 0 d. $\frac{12}{59}$.

C'est la somme que nous avons déjà trouvée (161).

163. Pour avoir le bénéfice du débiteur, au préjudice de son créancier, il faut opérer comme ci-dessous :

La valeur exacte, trouvée par la règle (157), est	2016 f.	
celle que donne la règle act^{lle}. est	1983	1 s. 0 d. $\frac{12}{59}$
la différence ..	32 f.	18 s. 11 d. $\frac{47}{59}$.

sera la somme que l'on escompte de trop.

Je pourrais faire voir que la méthode employée par Mr. Delile (Voyez son arithmétique, 4me. édition, page 199), parce qu'elle est usitée à Paris, est aussi contraire à la théorie; mais comme cela nous menerait trop loin, j'aime mieux laisser ce travail à faire aux élèves, pour les exercer.

Question II.

164. *Que doit-on payer pour acquiter, au bout de 9 mois, un billet de 3995 f., payable dans 15 mois, les intérêts compris, étant calculés d'après le taux de 5 pour % par an?*

Pour faire usage de la règle donnée (*note b*), il faut multiplier le taux 5 par $\frac{6}{12}$, puisque le payement s'opère 6 mois avant l'échéance, cela donnera $\frac{30}{12}$; ensuite multiplier ce taux par $\frac{15}{12}$, ce qui donnera $\frac{75}{12}$, et l'ajouter à 100; la somme $\frac{1275}{12}$ sera le diviseur. Enfin, il faut multipliplier le montant 3995 francs, par $\frac{30}{12}$, et diviser le produit par $\frac{1275}{12}$; le résultat donnera l'escompte cherché, lequel sera exprimé par $\frac{3995 \times 30}{1275}$ de f. : en effectuant ces opérations, on trouvera 94 francs.

Or, le montant du billet, est de	3995 f.
l'escompte pour les 6 mois, est de . . .	94
le reste, ou la valeur comptant, sera de	3901 f.

Il faudra donc donner 3901 francs, pour s'acquitter au bout de 9 mois.

Nota. Lorsque les élèves seront dans le cas d'employer la règle d'escompte, ils se conformeront à l'usage établi par les négocians avec lesquels ils auront des relations d'affaires ; en attendant, je les invite à ne donner leur assentiment qu'aux méthodes fondées sur une saine théorie ; c'est l'unique moyen de former leur jugement, et de se préparer à l'étude des mathématiques, qui font partie de l'éducation.

165. Toutes les questions que nous avons données dans le troisième chapitre, sont utiles en elles-mêmes ; mais c'est moins sous ce rapport qu'il faut les envisager, que comme une occasion d'appliquer la théorie des quatre premières règles, et celle des fractions. Les maîtres pourront étendre ces exemples, en faisant toujours raisonner l'élève ; c'est l'essentiel dans l'enseignement. Toute méthode routinière est très-préjudiciable, puisqu'elle retarde le développement des facultés intellectuelles.

D'ailleurs, on n'ignore pas que les enfans doivent aller au Lycée, dès qu'ils ont reçu, dans les pensions, le premier degré d'instruction ; et comme leur aptitude à saisir les leçons des professeurs de mathématiques, et même leurs progrès ultérieurs dans cette science, dépendent essentiellement des premières notions d'arithmétique qu'ils ont acquises, on ne saurait trop tôt se mettre en accord, et employer, en les leur montrant, la méthode des géomètres, laquelle peut seule former leur jugement. Il convient de renoncer à ce mode d'enseignement ordinaire, qui exerce la mémoire seulement, laisse l'esprit dans l'inaction, et rend les enfans incapables de suivre une théorie.

Fin du troisième et dernier Chapitre.

SUPPLEMENT

SUPPLÉMENT.

L'EMPLOI exclusif des nouvelles mesures ayant été ordonné par le Gouvernement, notre travail serait incomplet, si nous ne donnions pas la manière de s'en servir dans les calculs. Mais comme les mesures particulières, qui dépendent d'une mesure principale, considérée comme unité, sont de dix en dix fois plus grandes, ou de dix en dix fois plus petites, nous commencerons par donner la manière d'écrire les fractions décimales; ensuite nous donnerons les noms et la valeur des unités ou mesures principales, ceux des mesures qui en dérivent, et, enfin, nous terminerons par des calculs et par plusieurs questions où les nouvelles mesures entreront, soit pour en faire usage immédiatement, soit pour passer des anciennes aux nouvelles, et réciproquement.

Des Fractions Décimales.

166. *Les fractions décimales sont des parties de l'unité de dix en dix fois plus petites les unes que les autres.*

Si cette définition n'en donnait pas une idée suffisante, il faudrait se rappeler que dans la numération (8), nous avons composé une dixaine de dix unités abstraites, une centaine de dix dixaines, un mille de dix centaines, etc., toujours en allant de dix en dix : ici, au contraire, on divise l'unité, considérée d'une manière abstraite, en dix parties égales, chacune de celles-ci, en dix parties égales aussi; et l'on continue ainsi de diviser chacune des dernières parties en dix autres, ce qui peut avoir lieu indéfiniment par la pensée.

167. Les premières parties de l'unité sont appelées des *dixièmes*, les secondes des *centièmes*, les troisièmes des *millièmes*, les quatrièmes des *dix-millièmes*, les cinquièmes des *cent-millièmes*, les sixièmes des *millioniêmes*, et en continuant toujours de subdiviser, on aurait des *dix-millioniêmes*, des *cent-millioniêmes*, des *billioniêmes*, des *dix-billioniêmes*, des *cent-billioniêmes*, etc.

168. Pour représenter ces nouvelles unités, de dix en dix fois plus petites, on fait usage des mêmes caractères, 0, 1, 2, 3, ... 9, que dans la numération, ensuite on place les chiffres qui désignent les fractions décimales à la droite les uns des autres, en partant des unités principales; mais, pour les distinguer, on les sépare de celles-ci, par une virgule.

C'est-à-dire, que pour représenter les dixièmes, depuis un jusqu'à neuf, on met d'abord un zéro, pour tenir lieu des unités principales, quelles qu'elles soient; ensuite une virgule, et à la droite de celle-ci, le chiffre qui désigne la quantité de dixièmes à représenter. Ainsi :

unités		
0, 1	représentent	un dixième, ou $\frac{1}{10}$ d'unité;
0, 2		deux dixièmes, ou $\frac{2}{10}$ ——
0, 3		trois dixièmes, ou $\frac{3}{10}$ ——
⋮		⋮
0, 9		neuf dixièmes, ou $\frac{9}{10}$ d'unité.

169. Pour représenter les centièmes, depuis un jusqu'à neuf, on mettra d'abord un zéro, pour les unités, à sa droite, un zéro, pour les dixièmes, et, enfin, on mettra le caractère qui désigne la quantité de centièmes, à la suite de celui-ci; mais il faudra séparer ces deux chiffres, des unités, par une virgule. Ainsi :

unités		
0, 01	représentent	un centième, ou $\frac{1}{100}$ d'unité;
0, 02		deux centièmes, ou $\frac{2}{100}$ ——
0, 03		trois centièmes, ou $\frac{3}{100}$ ——
⋮		⋮
0, 09		neuf centièmes, ou $\frac{9}{100}$ d'unité.

170. Pour la série des millièmes, depuis un jusqu'à neuf, celle des dix-millièmes, des cent-millièmes, des millioniêmes, etc., on suivra le tableau ci-dessous :

0, 001	0, 0001	0, 00001	0, 000001
0, 002	0, 0002	0, 00002	0, 000002
0, 003	0, 0003	0, 00003	0, 000003
⋮	⋮	⋮	⋮
0, 009.	0, 0009.	0, 00009.	0, 000009.

Et ainsi de suite, pour toutes les fractions décimales.

171. *Si l'on avait à énoncer un nombre qui eût des décimales, par exemple*, 4,785, *on dirait :*

4 unités et 785 *millièmes.*

Car il faut 10 millièmes pour former un centième, et 10 centièmes pour former un dixième; par conséquent, il faudrait 100 millièmes pour composer un dixième. De-là il suit que

les 7 dixièmes valent	700 millièmes,
les 8 centièmes valent	80 ———
en y joignant, enfin, ceux que l'on a, les	5 ———
total . .	785 millièmes;

on aura en tout 785 millièmes à joindre aux 4 unités principales.

D'ailleurs, il est facile de voir que les unités décimales étant de dix en dix fois plus petites, en allant de gauche à droite, du 4 vers le 5, en remontant de droite à gauche, du 5 vers le 4, elles seront, au contraire, de dix en dix fois plus fortes; ainsi, elles se lient entr'elles, et s'énoncent de la même manière que les nombres entiers. *Il faut donc énoncer les unités principales d'abord, ensuite énoncer toute la partie décimale, comme un nombre entier, mais y joindre le nom des unités de la dernière espèce.*

172. *Il résulte de-là que, si l'on mettait des zéros à la droite de la partie décimale d'un nombre, on n'en changerait pas la valeur.*

Car, en mettant, par exemple, deux zéros à la droite du nombre 4,785, on aurait 4,78500, lequel en énonçant, donnerait 4 unités et 78500 cent-millièmes; c'est-à-dire, que, dans ce cas-ci, l'on aurait une fraction décimale cent fois plus forte que la première; mais les unités du dernier ordre sont alors cent fois plus petites que celles du 5; donc, il y a compensation. D'ailleurs, on sait que chaque unité du 5 vaut 100 des unités du dernier zéro, ici, que chaque millième vaut 100 cent-millièmes; donc, les 785 millièmes, que l'on avait précédemment, vaudront 78500 cent-millièmes. Il est donc indifférent d'évaluer une fraction décimale en parties 10, 100, 1000 fois plus petites que les dernières, pourvu que l'on en prenne 10, 100, 1000 fois plus.

173. *Pour rendre un nombre qui a des décimales, dix, cent, ou mille fois plus grand, il faut avancer la virgule d'un, de deux, ou de trois rangs vers la droite.*

Soit le nombre 6,3278 : en avançant la virgule de deux rangs vers la droite, on aura 632,78, qui est 100 fois plus grand que le premier.

Car, dans le nombre actuel 632,78, le 6 exprime des centaines, il exprimait des unités; le 3 exprime des dixaines, il exprimait des dixièmes; le 2 exprime des unités, il exprimait des centièmes; le 7 exprime des dixièmes, il exprimait des millièmes; enfin, le 8 exprime des centièmes, et il exprimait des dix millièmes : donc, puisqu'en comparant la valeur actuelle des unités de chaque chiffre à ce qu'elle était auparavant dans le nombre donné, on trouve qu'elle est cent fois plus forte, on est en droit d'en conclure que le nombre lui-même est rendu cent fois plus grand.

174. Pour rendre un nombre qui a des décimales, dix, cent ou mille fois plus petit, il faut reculer la virgule d'un, de deux, ou de trois rangs vers la gauche.

Soit le nombre 457,8 : en reculant la virgule de trois rangs vers la gauche, on aura 0,4578, qui est 1000 fois plus petit.

Car, dans le nombre actuel 0,4578, le 4 exprime des dixièmes, il exprimait des centaines; le 5 exprime des centièmes, il exprimait des dixaines; le 7 exprime des millièmes, il exprimait des unités; enfin, les 8 exprime des dix-millièmes, et il exprimait des dixièmes : donc, puisque les unités de chaque chiffre sont ici mille fois plus petites que leurs correspondantes dans le nombre proposé, le nombre actuel est mille fois plus petit que le précédent.

On peut encore arriver à la même conclusion, en réduisant les deux nombres en unités de l'ordre le plus petit qui se trouve dans chacun d'eux; ce qui donnera 4578 dixièmes pour le proposé, et 4578 dix-millièmes pour le second : or, les dix-millièmes sont des unités 1000 fois plus petites que les dixièmes; donc, puisque la quantité numérique est la même de part et d'autre, le second nombre sera mille fois plus petit que le premier.

Des quatre Opérations sur les Fractions décimales.

175. D'après la définition (166), les décimales, en allant de la gauche vers la droite, sont de dix en dix fois plus petites; en remontant de droite à gauche, elles seront, au contraire, de dix en dix fois plus fortes les unes que les autres; et, comme dix dixièmes donnent une unité, il s'en suit qu'on devra faire l'addition et la soustraction des décimales de la même manière que pour les nombres entiers, en ayant soin, cependant, de mettre la virgule entre les unités et les dixièmes. Exemples :

Addition.		*Soustraction.*	
	14,5		
	26,78		
	32,894	de . .	38,7400
	27,647	ôtez .	19,8579
somme .	101,821	reste .	18,8821

176. Pour faire l'addition, il faut écrire les nombres donnés les uns au-dessous des autres, de manière que les unités de chaque espèce se corres-

pondent en colonne, c'est-à-dire, les unités sous les unités, les dixièmes sous les dixièmes, les centièmes sous les centièmes, etc. Ensuite, en commençant par les unités de l'ordre inférieur, ici par les millièmes, il faudra les ajouter, ce qui donnera 11 pour somme; et, comme 10 millièmes composent 1 centième, on écrira 1 dans la colonne des millièmes, et l'on retiendra 1 centième pour le joindre aux unités du même ordre, qui sont à gauche. En ajoutant les centièmes et y joignant le centième provenant des millièmes, on trouvera 22 centièmes; on écrira le 2 au-dessous de cette colonne, et l'on retiendra les 20 centièmes ou 2 dixièmes pour les joindre aux dixièmes. La somme des dixièmes de la colonne et les 2 retenus donneront 28 dixièmes, ou 8 dixièmes et 2 unités; on écrira les 8 dixièmes au-dessous de la colonne de leur ordre, et l'on portera les 2 unités à la colonne des unités, sur laquelle on opérera à l'ordinaire. (16) Le résultat sera 101, 821, ou 101 unités et 821 millièmes.

177. La soustraction des décimales se fait comme celle des nombres entiers, en écrivant les unités de même espèce les unes au-dessous des autres, et en mettant des zéros à la suite de celui des nombres qui a le moins de décimales, ce qui n'en change pas la valeur (172). Dans l'exemple ci-dessus, on soustrait 9 de 10, en empruntant sur le 4, une unité qui vaut 100 des unités du dernier zéro, et com-

me il n'en faut que 10, il en restera 90, ce qui revient à compter le zéro à gauche pour 9, dans l'opération suivante ; le reste, provenant de 9 soustrait de 10, est 1 ; on l'écrit au-dessous. On continue de soustraire 7 de 9, ce qui donne 2 de reste ; 5 de 13, ce qui donne 8 de reste ; de soustraire 8 de 16, en empruntant 1 unité, qui vaut 10 dixièmes, et en les joignant aux 6, le reste 8 s'écrit encore au-dessous ; enfin, on continue d'opérer sur les unités et les dixaines comme à l'ordinaire. Le résultat définitif sera 18,8821, c'est-à-dire, 18 unités et 8821 dix-millièmes.

De la Multiplication des Décimales.

178. Pour multiplier deux nombres qui ont des décimales, il faut opérer comme s'il n'y avait pas de virgule, et séparer sur la droite du produit autant de chiffres qu'il y a de décimales dans les deux facteurs, ou les nombres donnés à multiplier entr'eux.

Soit 4,23 à multiplier par 5,7 ; il faut opérer comme ci-dessous :

Exemple Ier.		*Exemple* II.	
	4,23		0,0458
	5,7		0,032
	2961		916
	2115		1374
produit . .	24,111	produit .	0,0014656

En opérant dans le 1er. exemple, sans faire attention aux virgules, on multiplie 423 par 57, ce qui donne pour produit 24111; mais comme le mutiplicande a été rendu 100 fois plus grand, et le multiplicateur 10 fois plus grand, le produit résultant sera 10 fois 100, ou 1000 fois plus grand que celui qu'on cherche (*note c*); donc, en le rendant 1000 fois plus petit, on aura le produit demandé.

Or, on rend un nombre 1000 fois plus petit, en lui faisant exprimer des millièmes au lieu d'unités, et à cause que l'unité se compose de mille millièmes, les mille du nombre seront alors autant d'unités; il faudra donc les séparer par une virgule des trois autres chiffres à droite. On sait, d'ailleurs (174), qu'en reculant la virgule (censée mise à la droite des unités du produit) de trois rangs vers la gauche, le nombre est rendu 1000 fois plus petit; donc, en séparant, par une virgule, autant de chiffres sur la droite du produit, trouvé comme à l'ordinaire, qu'il y a de décimales dans les deux facteurs, on aura le produit cherché.

179. Dans le second exemple, on multiplie 458 par 32, et l'on a pour produit 14656. Mais comme le multiplicande a été rendu 10000 fois plus grand, et le multiplicateur 1000 fois plus grand, le produit actuel est 1000 fois, 10000, ou 10000000 de fois plus fort que celui que l'on

cherche (*c*) ; donc, pour avoir le vrai produit, il faudra séparer 7 chiffres vers la droite, ce qui

---

(*c*) Si l'élève avait quelque peine à concevoir qu'en rendant l'un des deux facteurs d'un produit cent fois plus grand et l'autre dix fois plus grand, le nouveau produit est mille fois plus grand que le premier, on pourrait, entr'autres preuves, lui donner celle-ci, qui est à la portée des commençans.

Soit 7 à multiplier par 6 ; si l'on rend le multiplicande 7, 5 fois plus grand, et le multiplicateur 6, 3 fois plus grand ; le produit sera 3 fois, 5 ou 15 fois plus grand ; c'est-à-dire, qu'il vaudra 15 fois 42.

Car 7×5 équivaut à $7 + 7 + 7 + 7 + 7$,
et 6×3 équivaut à $6 + 6 + 6$.

Or, d'après la définition de la multiplication (28), il faut répéter toutes les parties du multiplicande autant de fois qu'il y a d'unités dans chacune des parties composantes du multiplicateur, et réunir les résultats : ici, pour chaque 6, on aurait les résultats $42 + 42 + 42 + 42 + 42$, ou 5 nombres égaux au produit, 42, de 7 multiplié par 6, et comme il y a trois 6 dans le multiplicateur, on aura 3 de ces lignes, contenant chacune 5 produits égaux à 7×6, ou à 42 ; donc, en tout il y aura 3 fois 5, ou 15 produits égaux à 7×6, ou à 42. Le produit actuel sera donc 15 fois plus grand que le primitif.

L'application aux autres cas sera facile à faire : dans le premier exemple (178), on multiplie 423 par 57, ce qui donne pour produit 24111 ; mais 423 équivaut à la somme de 100 nombres égaux à 4,23 ; le multiplicateur 57 équivaut à la somme de 10 nombres égaux à 5,7 ; et comme, pour chaque partie composante 5,7 du multiplicateur, on aurait une donnera 0,0014656 pour le résultat cherché. Cela revient à lui faire exprimer des dix-millioniėmes, et par conséquent à séparer autant de chiffres décimaux qu'il y en a dans les deux facteurs donnés. On voit qu'il faut suppléer aux chiffres significatifs qui manquent vers la gauche par des zéros, lesquels n'en occupent que le lieu seulement, n'ayant pas de valeur par eux-mêmes.

De la Division des Nombres qui ont des Décimales.

180. Lorsque le dividende et le diviseur ont le même nombre de chiffres décimaux, on procède à la division sans faire attention aux virgules,

---

ligne de 100 produits égaux à celui 4,23 × 5,7 que l'on cherche, les 10 parties égales du multiplicateur donneront 10 de ces lignes; la totalité sera évidemment égale à 10 fois 100, ou 1000 fois le produit cherché, de 4,23 × 5,7; mais cette totalité est d'ailleurs connue et égale à 24111, produit de 423 par 57; donc, enfin, puisqu'elle vaut 1000 fois le produit que l'on cherche, en en prenant le 1000-ième (174), ce qui revient à séparer trois chiffres vers la droite, on aura pour résultat 24,111 : c'est le produit de 4,23 multiplié par 5,7.

On démontrerait de la même manière pour le second exemple, où l'on aurait 1000 lignes renfermant chacune 10000 produits égaux au produit cherché.

et l'on obtient le quotient cherché comme dans la division ordinaire (70).

Soit 17,28 à diviser par 1,44 ; en supprimant les virgules, on aura 1728 pour dividende, et 144 pour diviseur; le quotient sera alors 12, lequel est aussi celui des nombres proposés.

Car, le premier nombre 17,28, vaut 1728 centièmes, le second 1,44, vaut aussi 144 centièmes; donc, puisque les unités sont de même espèce, les 144 centièmes seront contenus dans les 1728 centièmes autant que la quantité numérique 144 sera contenue de fois dans l'autre quantité 1728, c'est-à-dire, 12 fois.

181. On peut donc regarder les nombres donnés à diviser, comme abstraits, lorsqu'ils ont des décimales de même espèce, c'est-à-dire, lorsqu'il y a autant de décimales dans l'un que dans l'autre. S'ils n'avaient pas le même nombre de chiffres décimaux, on les ramenerait à en avoir autant, en mettant un nombre suffisant de zéros à la droite de celui des deux qui en aurait le moins; cette manière de compléter est toujours permise, puisque cela ne change pas la valeur (172) du nombre sur lequel on opère.

182. Si le dividende avait plus de décimales que le diviseur, il serait alors plus commode de faire la division, comme s'il n'y avait pas de virgules, et de séparer ensuite, sur la droite du quotient trouvé, autant de chiffres qu'il y a de déci-

males de plus dans le dividende que dans le diviseur. Exemple :

Soit 24,111 à diviser par 5,7 ?

$$\begin{array}{r|l} 24111 & 57 \\ \cline{2-2} 131 & 4,23. \\ 171 & \\ 00 & \end{array}$$

Le dividende donné ayant deux décimales de plus que le diviseur, le nouveau dividende 24111 sera alors 100 fois plus fort que le diviseur actuel 57 ; le quotient trouvé 423 sera donc aussi 100 fois plus fort que le quotient cherché ; ainsi, on obtiendra celui-ci en divisant 423 par 100, ce qui revient à séparer deux chiffres vers la droite. Le vrai quotient est donc 4,23.

Exemple II.

183. Si l'on avait à diviser 0,0014656 par 0,032 : on pourrait d'abord avancer la virgule de trois rangs de part et d'autre, en général, d'autant de rangs qu'il y aurait de décimales dans le diviseur, sans que le quotient changeât, puisqu'on les rendrait l'un et l'autre, dans ce cas-ci, 1000 fois plus grands ; ensuite, ayant 1,4656 à diviser par 32, on pourrait, en faisant abstraction de la virgule, diviser 14656 par 32, et l'on trouverait 458 pour quotient ; mais comme on aurait opéré sur un dividende rendu 10000 fois plus grand, il

faudrait rendre le quotient trouvé 458 autant de fois plus petit, en lui faisant exprimer des dix-millièmes, ce qui revient à placer la virgule à 4 rangs vers la gauche; on aurait donc, enfin, 0,0458 pour le vrai quotient des nombres proposés.

Réduction des Fractions ordinaires en Décimales.

184. Pour réduire une fraction en décimales, on met à la droite du numérateur, considéré comme dividende, autant de zéros que l'on veut avoir de décimales au résultat, et l'on divise par le dénominateur.

Soit la fraction $\frac{11}{16}$ à réduire en décimales : il faut mettre 4 zéros à la suite de 11, et diviser 110000 par 16, ce qui donnera pour quotient 6875; mais le dividende 11 a été rendu 10000 fois plus grand : donc, le quotient trouvé 6875, sera alors 10000 fois plus grand que le vrai; il faudra donc, pour compenser, le rendre 10000 fois plus petit, et cela, en lui faisant exprimer des dix-millièmes, ou en séparant 4 chiffres vers la droite, par une virgule; le quotient cherché, ou la valeur en décimales de la fraction donnée $\frac{11}{16}$, sera donc 0,6875.

185. Soit proposé de réduire la fraction $\frac{7}{125}$ en décimales.

Ici l'on mettrait 3 zéros à la droite du numérateur 7, regardé comme dividende, et l'on diviserait par le dénominateur 125.

Cela reviendrait à diviser 7000 par 125, le quotient 56 serait alors 1000 fois plus grand; il faudrait donc, pour compenser, le rendre 1000 fois plus petit, en séparant trois chiffres vers la droite; ainsi la valeur, en décimales, de la fraction donnée $\frac{7}{125}$, sera 0,056.

186. Il peut arriver qu'en mettant des zéros au numérateur et en faisant la division, comme ci-dessus, le quotient ne soit pas exact, ce qui a lieu le plus souvent. Alors il faut négliger le reste et séparer sur la droite du quotient trouvé, autant de chiffres que l'on a mis de zéros au numérateur. Dans ce cas, où l'on néglige le reste, on obtient le quotient, qui est la valeur approchée de la fraction donnée, *à moins d'un dixième, d'un centième, ou d'un millième près*, selon qu'on a mis *un*, *deux*, *ou trois zéros* à la suite du numérateur de la fraction.

187. Si l'on voulait continuer une division où l'on aurait un reste, on mettrait les zéros à la suite du dividende ou du reste, et l'on séparerait sur la droite du quotient autant de chiffres que l'on aurait mis de zéros. En y réfléchissant un peu, on verra que, dans l'opération faite de cette manière, la fraction qu'il faudrait joindre au quotient en entiers, pour avoir le vrai, serait ici réduite en décimales, mais que cette valeur,

en

en décimales, ne serait qu'approchée, c'est-à dire, enfin, qu'on aurait le quotient à moins d'un dixième, d'un centième près, etc., selon le nombre de zéros employés.

Soit proposé, par exemple, de diviser 157 *par* 13, *à moins d'un millième près?*

Dividende	Diviseur / Quotient	Dividende	Diviseur / Quotient
157000	13	157	13
27	12,076.	27	12,076923.
100		reste . . 1	
90		10	
reste négligé 12		100	
		90	
		120	
		30	
		40	
		reste déjà trouvé 1.	

Il faut mettre trois zéros à la suite du dividende, ce qui le rendra 1000 fois plus fort, diviser ensuite par 13, et le quotient 12076 étant alors 1000 fois plus fort que celui que l'on cherche, il faudra le rendre 1000 fois plus petit, en lui faisant exprimer des millièmes, ce qui revient à séparer, par une virgule, 3 chiffres sur sa droite; on aura donc, alors, 12,076 pour le quotient cherché, mais à moins d'un millième près.

Car, pour compenser, il faudrait faire exprimer, comme nous l'avons dit, des millièmes au quotient; la fraction $\frac{12}{13}$, dont on devrait tenir compte, pour avoir un résultat exact, serait alors une fraction de millième, par conséquent, une fraction très petite; donc, en n'ayant pas égard au reste 12, on néglige une fraction de millième. Or, toute fraction est plus petite que l'unité, ici elle sera plus petite qu'un millième d'unité; c'est ce qui a fait dire qu'alors le quotient était *à moins d'un millième d'unité près.*

Si l'on avait mis 4, 5, 6 zéros à la droite du dividende, ou des restes successifs, on aurait fait exprimer des dix-millièmes, des cent-millièmes, des millioniènes au quotient; la fraction négligée, alors, eût été du même ordre, et l'on aurait eu le quotient à moins d'une unité de cet ordre.

Des Périodes.

188. En continuant de mettre des zéros à la suite des restes 12, 3, 4, etc., comme dans le second exemple (187), on parvient à un reste déjà trouvé; donc, si l'on continuait de mettre des zéros, en partant de ce reste, on retrouverait nécessairement les quotiens 0, 7, 6, 9, 2 et 3. Dès que l'on retrouve les mêmes quotiens et dans le même ordre, on dit alors que le quotient est *périodique.*

189. La périodicité a lieu toutes les fois que la division immédiate ne se fait pas exactement, et que le diviseur n'est pas une puissance de 2

ou de 5; car, ici, en mettant à la suite du reste un nombre suffisant de zéros, la division donnera toujours un quotient exact, mais exprimé en décimales. C'est ce que l'on a déjà vu dans les deux exemples (184) et (185), où 16 divise 10000, et 125 divise 1000; voyez la note (*d*).

(*d*) Le produit de deux facteurs égaux à 2 ou à 5, celui de trois facteurs égaux à 2 ou à 5, celui de quatre facteurs égaux à 2 ou à 5, etc., est ce que l'on appelle la *seconde puissance* de 2 ou de 5, la *troisième puissance* de 2 ou de 5, la *quatrième puissance* de 2 ou de 5, etc.

Maintenant, 10 est le produit des deux facteurs 2 et 5, la seconde puissance de 10, ou 100, contiendra 2 facteurs égaux à 2 et 2 facteurs égaux à 5; elle sera donc égale à la seconde puissance de 2 multipliée par celle de 5. La troisième puissance de 10, qui est 1000, contiendra six facteurs, dont trois seront égaux à 2, et les trois autres à 5; elle vaudra donc la troisième puissance de 2 par celle de 5. Enfin, une puissance quelconque de 10, laquelle est égale à l'unité suivie d'autant de zéros qu'il y a d'unités dans l'*indice* ou l'*exposant* de la puissance, vaudra la même puissance de 2 multipliée par celle de 5.

De-là il suit qu'une puissance entière de 10 sera toujours divisible par la même puissance de 2 ou de 5; donc, si le diviseur est une certaine puissance de 2 ou de 5, en mettant un nombre suffisant de zéros à la droite du dividende, ce facteur introduit sera, tôt ou tard, divisible par le diviseur.

Le plus grand nombre de zéros à mettre, sera toujours égal à l'exposant de la puissance de 2 ou de 5 qui donne le diviseur; mais si le dividende est lui-même un multiple de

En effet, le plus grand reste que l'on puisse avoir dans toute division, est le diviseur moins un, et, au contraire, le plus petit, lorsqu'elle n'est pas exacte, est l'unité ; donc, si en faisant autant de divisions partielles qu'il y a d'unités, moins une, dans le diviseur, il est possible de trouver des restes *distincts*, depuis 1 jusqu'au diviseur moins un, en en faisant une de plus, et par conséquent autant qu'il y a d'unités dans le diviseur, on devra *nécessairement* retrouver un des premiers restes. Il est évident alors qu'en continuant de diviser, à partir de ce reste, on obtiendra la même suite de quotiens.

190. La période ne part pas toujours du premier chiffre ; son point de départ dépend de la nature des nombres donnés à diviser ; par exemple :

La fraction $\frac{17}{15}$ donne 1,1333 . . . . . .

La fraction $\frac{17}{12}$ donne 1,41666 . . . .

La fraction $\frac{17}{56}$ donne 0,30357142857. . . . . .

parce que le diviseur 15 dans la première, a pour facteurs 5 et 3 ; or le diviseur 5 donne un quotient exact, avec une décimale, et le diviseur 3 donne une période d'un chiffre seulement.

2, de 4, de 8, etc., et que le diviseur soit alors une puissance de 2, on aura 1, 2, 3, etc., zéros de moins à mettre. Il en est de même pour 5, lorsque le diviseur est une puissance de 5.

Le diviseur 12 vaut 4 × 3; or 4 donne un quotient exact, avec deux décimales, et le 3 une période.

Le diviseur 56 vaut 8 × 7; or 8 donne un quotient exact, avec trois décimales, et le 7 donne une période de six chiffres.

Et comme la division de 17 par 15 pourrait se faire en divisant d'abord 17 par 5, ce qui donnerait 3, 4, et ce quotient par 3, ce qui donnerait 1, 1 + $\frac{1}{3}$ de dixième, cette fraction-ci réduite en décimales donnant 0, 3333 dixièmes, en réunissant, on aurait pour quotient 1,1333, où la période part du second chiffre à droite de la virgule. Par un raisonnement analogue on fera voir que, dans la seconde fraction, la période doit partir du troisième chiffre, et du quatrième chiffre dans la troisième fraction. Le dividende modifie ces résultats, lorsqu'il est un multiple de 2 ou de 5.

Ces notions préliminaires sur le calcul décimal sont très-importantes pour l'intelligence de ce que nous avons à dire concernant les nouvelles mesures; c'est pourquoi j'invite les commençans à les relire plusieurs fois, pour les bien entendre.

DES NOUVELLES MESURES.

191. Les hommes, dans l'état de société, sont souvent obligés, pour leur intérêt, de mesurer des *Distances*, ou l'étendue en longueur, des *Surfaces*, ou l'étendue en longueur et largeur, comme la surface d'une terre, ce qui est l'objet de l'arpentage ; de mesurer le *Volume* des corps, la capacité des tonneaux, des barils, des vases, etc., ce qui est toujours l'étendue, mais dans les trois dimensions, longueur, largeur et profondeur; de peser les corps ou les substances matérielles, telles que les métaux, les comestibles, les marchandises, etc. ; de mesurer le temps, et d'admettre des monnaies pour faciliter les échanges, etc.

Il leur a fallu, pour cet objet, établir un terme de comparaison pour chaque grandeur, c'est-à-dire, que pour les longueurs ils ont pris une *longueur;* pour les surfaces, une *surface ;* pour les volumes, un *volume ;* pour les poids, un *poids ;* pour le temps ou la durée, un *temps ;* enfin, pour ne par donner des quantités d'or et d'argent, en poudre, ou sous forme de lingots, en échange de marchandises, il ont imaginé de frapper des *pièces*, contenant un poids déterminé d'or ou d'argent fin, et une quantité d'une autre matière, qu'on appelle l'alliage.

192. La grandeur, prise arbitrairement, qui sert de terme de comparaison pour déterminer les autres grandeurs de même espèce, s'appelle l'*unité.*

193. L'unité fondamentale, pour les longueurs et les distances, est le *MÈTRE.*

Il vaut, à-peu-près, une demi-toise, ou une demi canne; sa valeur exacte est de 3, 07844 pieds, ou 3 pi. 0 po. 11 lig. $\frac{296}{1000}$.

194. L'unité pour les surfaces, en général, est le *mètre carré.*

Celle des mesures agraires, employée maintenant dans l'arpentage des terres, est *l'ARE;* elle vaut cent mètres carrés, ou 947, 682 pieds carrés.

195. L'unité pour les volumes, en général, est le *mètre-cube*, et ses subdivisions décimales.

Celle qui est destinée à mesurer la capacité ou la contenance des tonneaux, barils, vases et bouteilles propres à renfermer les liquides, est le LITRE; il vaut la millième partie d'un mètre-cube, ou 50, 41242 pouces-cubes.

196. L'unité de poids est le GRAMME; il vaut la millième partie du poids d'un litre d'eau distillée, ou 18 grains $\frac{83}{100}$.

On se sert de ses multiples et de ses sous-multiples,

toujours dans le systême décimal, pour des poids plus considérables, et pour des poids plus petits.

197. L'unité de temps destinée à évaluer la durée, est le *Jour ;* sa grandeur dépend du mouvement de rotation de la terre sur son axe, lequel est uniforme et constant. L'intervalle de temps d'un midi à l'autre, ou entre deux passages consécutifs du Soleil par le méridien de chaque lieu, s'appelle le *jour vrai ;* sa durée n'étant pas la même d'un jour à l'autre, les astronomes ont trouvé des moyens de l'évaluer, en la faisant dépendre du mouvement diurne de la terre ou de celui du ciel étoilé, qui en est un effet.

Le jour s'est divisé jusqu'ici en 24 heures, chaque heure en 60 minutes, chaque minute en 60 secondes, et ainsi de 60 en 60 : voilà la division sexagésimale.

Dans le nouveau systême, on le divise en 10 heures, chacune de celles-ci en 100 minutes, chaque minute en 100 secondes, et ainsi de 100 en 100. On les place à la droite des unités, avec la virgule seulement, pour les en distinguer.

L'année commune se compose de 365 jours ; elle en a 366, lorsqu'elle est bissextile ; elle se divise toujours en 12 mois inégaux, et ceux-ci en semaines.

Le siècle est une durée de cent années ; on y comprend les bissextiles.

198. L'unité pour les monnaies est le Franc ;

on le divise en 10 décimes, et le décime en 10 centimes. On peut pousser plus loin cette subdivision, dans les calculs.

Il y a des pièces d'argent de 5 francs, de 2 francs, d'un franc, d'un demi-franc, et d'un quart-de-franc; et des pièces d'or de 40 francs, de 20 francs et de 10 francs. La valeur du franc en livres tournois, est telle que 80 francs valent 81 livres tournois.

199. Pour désigner les multiples de dix en dix d'une Unité de mesure, et ses sous-multiples, on fait usage des noms suivans:

	Déca,	Hecto,	Kilo	et	Myria,
pour . .	dix,	cent,	mille	et	dix mille,
ou . .	10,	100,	1000	et	10000.

Les sous-multiples sont : Déci, Centi et Milli, pour exprimer le dixième, le centième et le millème;

ou	$\frac{1}{10}$,	$\frac{1}{100}$	et	$\frac{1}{1000}$;
lesquelles se notent ainsi:	0,1,	0,01	et	0,001.

200. Voici un tableau des multiples et des sous-multiples du Mètre, de l'Are, du Litre et du Gramme, avec leurs valeurs en anciennes mesures.

Mesures Linéaires.

	pieds	
Myriamètre . . .	30784, 44.	C'est la nouv. *lieue.*
Kilomètre	3078, 444.	C'est le nouv. *mille.*
Hectomètre.	307, 8444.	
Décamètre	30, 78444.	
MÈTRE	3, 078444.	
	lignes	
Décimètre	44, 3296.	
Centimètre.	4, 43296.	
Millimètre.	0, 443296.	

Mesures Itinéraires.

La lieue commune, de 25 au degré, ou de 2280 t. 2 pi., vaut 4,4444 kilom.

La lieue marine, de 20 au degré, ou de 2850 t. 2 pi., vaut 5,5556 kil.

La lieue de poste, de 2000 toises, vaut . . . . . . 3,8981 kil.

Mesures Agraires et de Superficie.

	tois. carrées.	
Myriare.	263244, 93.	
Kilare	26324, 493.	
Hectare.	2632, 4493	nouvel arpent.
Décare	263, 24493	n^lle^. perche carr.
ARE, ou 100 mèt. carr.	26, 324493.	
Déciare.	2, 632449.	
	pieds carrés.	
Centiare, ou mètre carré .	9, 476817.	
	pouces carrés.	
Décimètre carré	136, 466165.	
Centimètre carré . . .	13, 646616.	
Millimètre carré	1, 364662.	

Mesures de Capacité.

	pieds cubes.	
Myrialitre	291,738519	
Kilolitre, ou mètre cube. .	29,173852	ou stère.
Hectolitre	2,917385	ou décistère
	pouces cubes.	
Décalitre	504,124161	ou velte.
LITRE, ou décimètre cube .	50,412416	nlle. pinte.
Décilitre	5,041242	ou verre.
Centilitre.	0,504124.	

Poids.

	liv.	onc.	gr.	grains.
Le mètre cube d'eau distillée pèse	2042	14	0	14.

	liv.	onc.	gros.	grains.
Myriagramme . . .	20	6	6	63,5.
Kilogramme, ou livre	2	0	5	35,15.
Hectogramme		3	2	10,715.
Décagramme			2	44,2715.
GRAMME				18,82715.
Décigramme.				1,882715.
Centigramme				0,1883.
Milligramme				0,0188.

Nota. Ces poids sont évalués en livres poids de marc.

201. Nous allons donner maintenant les valeurs de quelques mesures nouvelles en mesures anciennes de Marseille, et réciproquement, pour opérer les réductions dont on pourrait avoir besoin.

Longueurs.	Le mètre, comp. à l'aune de Paris, vaut.	aune 0, 84144.
	Le mètre, comp. à la canne de Marseille,	canne 0, 49683I.
	La canne, comparée au mètre, ...	m. 2, 01271.
Surfaces . .	L'are, comparée à la canne carrée, . .	cann. carr. 24, 6914.
	La canne carrée, comparée à l'are, . . .	are 0, 0405.
	L'are, comparée à la carterée, ...	cart. 0, 04876.
	La carterée, comparée à l'are, ...	ares 20, 5095.
Volumes .	La millérole de Marseille, pour mesurer l'huile et le vin, comp. au litre, .	litres 64, 384.
	Le scandal d'huile, comparé au litre, .	litres 16, 096.
	Le pot de vin, comparé au litre, ...	litre 1, 0731.
Poids . . .	Le kilogramme, comp. à la livre poids de marc, vaut 2 liv. 0 onc. 5 gr. 35 $\frac{1}{7}$ grains, ou .	liv. 2, 042876.
	Le kilogramme, comp. à la livre poids de table, vaut 2 liv. 7 onc. 2 gros, ou .	liv. 2, 451400976.

202. Rapports approchés de quelques mesures nouvelles aux anciennes, pour opérer la Réduction d'une manière prompte et facile.

22 Aunes de Paris valent 13 cannes de Marseille; l'erreur, en excès, est d'une canne sur la valeur de 2000 aunes.

105 Aunes de Paris valent 62 cannes de Marseille; ici l'erreur en plus, est d'un pan sur la valeur de 5000 aunes. On voit par-là que ce rapport

peut être utile aux marchands de Marseille qui reçoivent de Paris.

13 Milléroles valent 837 litres ; l'erreur, en excès, est d'un demi-litre sur la valeur de 1000 milléroles.

21 Scandaux valent 338 litres ; l'erreur, en moins, est d'un litre sur la valeur de 1000 scandaux.

41 Pots valent 44 litres ; l'erreur, en excès, est d'environ un litre sur la valeur de 10000 pots.

De la valeur du kilogramme, exprimée en livres poids de marc et poids de table, il est facile de déduire le rapport suivant :

5 Livres poids de marc valent 6 livres poids de table ; l'erreur n'est que de 50 livres sur la valeur de plus de vingt-mille quintaux poids de marc.

31 Kilogrammes valent 76 livres poids de table ; l'erreur, en excès, est de 2 livres sur la valeur de dix-mille kilogrammes.

144 Kilogrammes valent 353 livres poids de table ; l'erreur en moins, dans ce rapport-ci, n'est que de 12 livres poids de table, sur la valeur d'un million de kilogrammes, ce qui est suffisant pour la plupart des pesées.

Pour les monnaies, le rapport est fixé par la Loi, de 80 à 81 ; c'est-à-dire, que . . . . .

80 Francs valent 81 livres tournois.

Nota. Ces rapports ont été trouvés par les fractions continues, et sont suffisans lorsqu'on n'exige qu'un certain dégré d'approximation.

Application du calcul décimal aux nouvelles mesures.

203. Nous avons donné (175) la manière de faire l'addition et la soustraction des décimales; ainsi, dans l'application que nous allons en faire aux nouvelles mesures, nous pourrons nous borner à quelques exemples.

mètre	kilog.	francs
43, 713	32, 217	41, 45
56, 049	45, 0631	32, 27
30, 007	8, 0058	59, 63
8, 17	0, 3150	38, 85
0, 054	9, 036	49, 39
m.	k.	f.
som. 137, 993	*som.* 94, 6369	*som.* 221, 59

ares	litres	francs
de .. 948, 71	de .. 759, 483	de .. 854, 50
ôter. 379, 28	ôter. 164, 059	ôter. 29, 04
a.	lit.	f.
reste 569, 43	*reste* 595, 424	*reste* 825, 46

204. Quant à la multiplication et à la division, nous donnerons les questions suivantes:

1 *Mètre de corde coûtant* 1$^{f.}$, 45, *combien faudrait-il donner pour* 46$^{m.}$, 3?

f.
1 , 45
46 , 3
435
870
580
f.
67, 135

La somme à donner est donc de 67^{f}. 13^{c}. $\frac{1}{2}$.

Pour 1 *franc on a eu* 2 *kilogrammes et* 435 *grammes d'une certaine denrée : combien en aurait-on pour* 46 *francs* 15 *centimes?*

k.
2, 435
46, 15
12175
2435
14610
9740
k.
112,37525

Ce résultat montre que pour la somme de 46^{f}.

15^{c}. on aurait 112 kil. 375 grammes et 25 centigrammes.

205. *On a donné 13 francs et 9 centimes pour l'achat de 37 litres et 4 décilitres de vin : à combien revient-il le litre ?*

Il est évident qu'en divisant la dépense $13\overset{f.}{,}09$ par la quantité de litres, par $37\overset{l.}{,}4$, on aura le prix de chaque litre. Or, d'après ce qui a été dit (182), cela reviendra à l'opération suivante :

$\overset{f.}{130,9}$	374
18 70	$0\overset{f.}{,}35$
0 00	

Le prix de chaque litre est donc de 35 centimes, ou de 7 sous, environ.

206. *On a donné, tous frais faits, la somme de 31257 francs 24 centimes, pour l'achat d'une terre dont l'étendue est de 6 hectares, 15 ares et 3 déciares ; trouver combien l'on paye l'are de ce terrain ?*

L'étendue de la terre achetée est de $615\overset{ares}{,}3$; ainsi il faudra diviser $31257\overset{f.}{,}24$ par $615\overset{a.}{,}3$, ou bien, diviser 312572, 4 par le nombre abstrait 6135.

$\overset{f.}{312572,4}$	6153
4922 4	$50\overset{f.}{,}8$
000 0	

Le

Le prix de chaque are est donc de 50 francs 8 décimes, ou 50 francs 16 sous (environ).

Maintenant nous allons donner une série de questions qui mettront les commençans à même de faire usage des rapports rapprochés du paragraphe 202.

Question Ire.

207. *Un marchand a acheté à Paris 420 mètres d'un drap fin ; il a donné en payement la somme de 38500 francs : on demande à combien ce drap lui revient l'aune ?*

Il faut réduire les 420 mètres en aunes, et diviser 38500 francs par le nombre d'aunes ; le résultat sera le prix de chaque aune.

Or, le mètre vaut (201) 0, 84144 aunes ; les 420 mètres vaudront 353, 4048 a. En divisant donc 38500 francs par 353, 4048 a., ou bien 385000000 f. par 3534048 a., on trouvera pour le prix de l'aune 108, 9402 f.

208. *Si le drap devait être revendu à Marseille, non à l'aune, mais à la canne, il serait alors nécessaire de savoir à combien il revient la canne.*

Or, l'on sait (202) que 105 aunes de Paris valent 62 cannes de Marseille ; donc, une canne vaut les $\frac{105}{62}$ d'une aune; et comme le prix de l'aune est de $108^{\text{f.}}, 9402$, en en prenant la même fraction, on aura celui de la canne.

Le prix d'une canne est donc exprimé par . .

$$\frac{105 \times 108^{\text{f.}}, 9402}{62};$$

en effectuant les opérations indiquées, on aura $184^{\text{f.}}, 431$ pour ce prix, ou $184^{\text{f}}\ 8^{\text{s.}}\ 7^{\text{d.}}, 44$.

On peut arriver au même résultat immédiatement; car le mètre vaut $0^{\text{canne}}, 496831$, ainsi les 420 mètres, réduits en cannes, donneront $208^{\text{c.}}, 669$.

Mais cette longueur de drap a coûté 38500 francs, donc en divisant cette somme par 208, 669, ou, ce qui revient au même, en divisant 38500000 francs par 208669 cannes, on aura $184^{\text{f.}}, 502$ pour le prix de la canne. La différence n'est que de $0^{\text{f.}}, 071$, ou 1 sol 5 deniers, environ, en excès.

Question II.

209. *Un marchand de vin a acheté* 17400 *litres de vin, pour la somme de* 6090 *francs; il veut le revendre à la millérole, et pour cela*

il demande quel est le prix d'une millérole, d'après l'achat?

Les 17400 litres coûtant 6090 francs, un litre coûtera $\frac{6090}{17400}$ de fr.; et comme la millérole (201) contient 64, 384 litres, en multipliant ce nombre de litres par le prix d'un seul, on aura le prix d'une millérole.

Ainsi la millérole coûtera $\frac{6090 \times 64,384}{17400}$ f.,

ou, en effectuant, 22, 5344 francs. Si l'on réduit la fraction décimale (204), on trouvera que le prix d'une millérole est de 22 f. 10 s. 8 d. $\frac{1}{4}$, environ.

210. *Dans la même question, et en se servant du rapport* (202), *trouver le prix de la millérole.*

Puisque 13 millérolcs valent 837 litres, une millérole vaudra $\frac{837}{13}$ de litre; et comme le litre revient à $\frac{6090}{17400}$ de f., il faudra multiplier cette valeur par la fraction $\frac{837}{13}$, ce qui donnera (101) l'expression $\frac{6090 \times 837}{17400 \times 13}$, ou, en effectuant, 22, 5346 francs: tel est le prix d'une millérole.

211. *Cherchons le prix du pot, d'après le prix* $\frac{609}{1740}$ *de f., que nous avons trouvé* (109) *pour chaque litre.*

Puisque (202) le rapport est tel, qu'il faut 41

pots pour remplir 44 litres, chaque pot vaudra les $\frac{44}{41}$ d'un litre; ainsi, en prenant cette même fraction du prix d'un litre, nous aurons le prix cherché, lequel sera exprimé par $\frac{\overset{f.}{609} \times 44}{1740 \times 41}$; en effectuant, on trouvera $\overset{f.}{0,375}$, ou $\overset{s.}{7}\ \overset{d.}{6}$, environ, pour le prix d'un pot de ce vin.

En prenant la valeur plus exacte (201) du pot en litres, c'est-à-dire, $\overset{lit.}{1,0731}$, le litre valant $\overset{f.}{0,35}$, d'après l'achat ci-dessus, on aurait trouvé $\overset{f.}{0,35} \times 1,0731$, ou, enfin, $\overset{f.}{0,37558}$, pour le prix du pot, ou $\overset{s.}{7}\ \overset{d.}{6},14$, à très-peu-près.

Question III.

212. *On a acheté 854 scandaux d'huile, pour les revendre en détail et au litre; trouver combien il y a de litres?*

Le scandal (201) vaut $\overset{lit.}{16,096}$; ainsi, en multipliant par 854, on aura $\overset{lit.}{13745,984}$, ou 1374 décalitres et 6 litres, environ.

En se servant du rapport approché (202), les 21 scandaux valant 338 litres, chaque scandal vauda $\frac{338}{21}$ de litre, et, par-là, les 854 vaudront $\frac{338 \times 854}{21}$ litres, ou, en effectuant, 13745 litres et $\frac{1}{3}$. On voit qu'ici l'emploi du rapport est plus long que le calcul par la valeur du scandal en décimales.

Question IV.

213. *Un cultivateur livre à la Fabrique Impériale* 8450 *livres, poids de marc, de tabac en feuilles; on le lui paye à raison de* 2 *francs* 45 *centimes le kilogramme : combien doit-il recevoir?*

On sait (201) que le kilogramme vaut 2, 042876 liv. p. marc; ainsi, autant de fois ce poids sera contenu dans les 8450 livres poids de marc, autant il y aura de kilogrammes; le nombre de kilogrammes livré est donc exprimé par $\frac{8450}{2,042876}$.

Cela posé, chaque kilogramme est payé 2, 45 f.; en multipliant ce prix par le nombre de kilogrammes ci-dessus, on aura $\frac{8450 \times 2,45}{2,042876}$, pour la valeur à recevoir. En effectuant les opérations indiquées, on trouvera 10133 f., 997, ou 10134 francs pour la somme que le cultivateur doit recevoir en payement.

214. *Trouver la somme à recevoir, mais en faisant usage des rapports du poids de marc*

au poids de table, et de celui-ci au kilogramme?

Par le tableau (202), on voit que 5 livres poids de marc valent 6 livres poids de table, et que 76 livres poids de table valent 31 kilogrammes.

D'après cela, 1 liv. p. de m. vaudra $\frac{6}{5}$ de la liv. p. de t., et les 8450 liv. p. de m. vaudront $\frac{8450 \times 6}{5}$ liv. p. de tab.; mais 1 liv. p. de tab. vaut $\frac{31}{76}$ de kilogramme; donc, en multipliant la quantité trouvée ci-dessus par cette fraction, on aura le poids du tabac en kilogrammes. Ce poids sera exprimé par $\frac{8450 \times 6 \times 31}{5 \times 76}$ kil. Et, comme chaque kilogramme est payé $2^{\text{f.}},45$, la totalité vaudra . . . . $\frac{8450 \times 6 \times 31 \times 2^{\text{f.}},45}{5 \times 76}$; en effectuant, on trouvera enfin 10133 francs et $\frac{1}{3}$ environ pour la somme à donner au vendeur.

L'erreur n'est que de 7 sous environ. Si l'on eût fait usage du rapport $\frac{144}{353}$ au lieu de $\frac{31}{76}$, on aurait trouvé $10134^{\text{f.}},254$. L'erreur eût été d'environ 5 sols en excès.

Question V.

215. *Un marchand doit une somme de* 8740

livres tournois, qu'il veut payer en francs : quelle somme doit-il donner?

D'après le rapport fixé par le Gouvernement, 81 livres tournois valent 80 francs; ainsi, chaque livre tournois vaut $\frac{80}{81}$ de franc : et, comme on a 8740 livres tournois, il faudra multiplier la fraction $\frac{80}{81}$, qui est la valeur de chaque unité, par le nombre d'unités, ici par 8740.

La somme en francs sera donc exprimées par $\frac{80 \times 8740}{81}$; en effectuant, on trouvera 8632,0987 francs, ou 8632 francs et 2 sous environ; c'est la somme à donner pour s'acquitter.

216. *Si la somme était due en francs, et qu'on voulût la payer en livres tournois; que faudrait-il donner?*

Puisque 80 francs valent 81 livres tournois, on voit qu'il faut ajouter à la somme le 80-ième de cette même somme, et que le résultat sera la somme équivalente en livres tournois.

Soit 8632,0987 francs, la somme à payer en livres;

le 80-ème est . . . 107,9012,
lequel ajouté à . . . 8632,0987,

donnerait . . 8739,9999,

ou 8740 livres tournois, pour la somme à donner.

217. Ces dernières questions, résolues de deux

manières, montrent assez que le calcul décimal est beaucoup plus facile que le calcul ordinaire ; et comme cela dépend de la division des nouvelles mesures, qui est de 10 en 10, les jeunes gens ne sauraient trop tôt s'y habituer ; d'ailleurs, l'usage des anciennes mesures est prohibé, tandis que celui des nouvelles, au contraire, est le seul admis dans les ventes publiques, dans les marchés et dans les contrats ; il faut donc s'y conformer. L'expérience, qui décide en dernier ressort, fera bientôt sentir que l'uniformité des poids et mesures dans toute l'étendue de l'Empire Français, est un bienfait du Gouvernement.

Remarque.

218. Le MÈTRE, qui est l'unité fondamentale de toutes les mesures, ne pourra jamais se perdre ; il suffit de se rappeler qu'il est la dix-millionième partie du quart du méridien, ou de la distance du pôle à l'équateur ; or, celle-ci, d'après les observations les plus récentes, comparées à celles qui avaient été faites au Pérou et au cercle polaire, par des savans Français, a été trouvée de . . . . 5130740 toises ;
en en prenant la 10000000-ième partie, on aura 0,t 5130740,
laquelle, réduite en pieds, pouces et lignes de

l'ancienne toise, donnera, pour la longueur définitive du mètre,

pi. po. lig. pi. po. lig.
3 0 11, 295936, ou 3 0 11 $\frac{296}{1000}$.

Le kilogramme est le poids d'un décimètre cube d'eau distillée, cette eau pesée dans le vide et à son *maximum* de densité; on l'a trouvé de 2 liv. 0 onces 5 gros 35 grains $\frac{15}{100}$, poids de marc.

On voit par-là que les astronomes et les physiciens réunis, pourront, dans un temps quelconque, retrouver ces deux unités principales, en refaisant les mêmes opérations.

219. Les géomètres à qui l'on doit la connaissance des dimensions du globe terrestre (1) et le

---

(1) M. Delambre, en supposant la terre ellipsoïde, a trouvé :

Le demi-grand axe, ou le rayon de l'équateur 3271864 toises.
Le demi-petit axe, ou le rayon du pôle . 3261265,
La différence des deux demi-axes 10599;
cette différence, divisée par le demi-grand axe 3271864, donne $\frac{10599}{3271864}$ ou $\frac{1}{308,7}$; c'est ce qu'on appelle *l'applatissement de la terre.*

D'après ces valeurs, le quart du méridien terrestre, considéré comme elliptique, est de 5131111 toises, ce qui donne pour la longueur du mètre, 0, 513111 (t.), ou 3 pieds 0 pouces 11 lignes et $\frac{111}{1000}$, lequel diffère du mètre legal de $\frac{11}{1000}$ de ligne. En divisant les longueurs précédentes par 0, 530740 (t.), qui est celle du mètre adopté par la loi, on système des nouvelles mesures, ont aussi changé la division du cercle ; ils ont substitué la division centésimale à la division sexagésimale, c'est-à-dire, que la circonférence, qui, de temps immémorial, avait été divisée en 360 degrés, (chaque degré en 60 minutes, chaque minute en 60 secondes, et ainsi de 60 en 60,) le sera maintenant en 400 parties égales appelées grades, chaque grade en 100 minutes, chaque minute en 100 secondes, et toujours de 100 en 100.

Le sacrifice d'une division consacrée par le temps, employée d'ailleurs dans tous les ouvrages classiques, dans la graduation des instrumens nautiques et astronomiques, dans toutes les tables, etc., démontre assez l'importance que ces savans attachent au nouveau système, et son utilité pour simplifier les calculs.

Puique 360° valent 400 grades, le quart de

---

aura :

Rayon de l'équateur en mètres . 6376984,
Rayon du pôle 6356324,
Applatissement $\frac{1}{308,7}$ 20660,
Quart du méridien. . . . . 10000723.

Rayon terrestre, à la latitude de 45°, ou de 50 grades et en mètres . . . . 6366745, ou 3266611 toises.
Longueur du degré décimal à cette latitude 100007 mètres.
Longueur du degré sexagésimal . . . . . 57012 toises.

Ces valeurs ont été prises dans l'Astronomie physique de M. Biot, nouv. édit. tom. 1., pag. 159.

cercle (ou 90°) en vaudra 100, et l'arc 9° vaudra 10 grades. D'après cela, il est facile de voir que pour réduire des degrés anciens en grades, il faut les multiplier par $\frac{10}{9}$, qui est la valeur de 1° sexagésimal en grades.

Par exemple, l'arc de 60° vaudra $\frac{60 \times 10}{9}$, ou $\frac{600}{9}$ de grades, c'est-à-dire, $66^{g}, 6666$, ou 66 grades 66 minutes 66 secondes 66 tierces, etc. La valeur est périodique. Il en est de même de l'arc 30°, qui vaut $33^{g}, 333333....$

Pour faire l'inverse, on multipliera par 9 le 10-ième du nombre de grades. Par exemple, pour réduire 50 grades en degrés, il faudra prendre le dixième, qui est 5, et le multiplier par 9; le résultat sera 45°.

Chaque seconde de la nouvelle division valant 0″, 324 de l'ancienne, il faudra multiplier l'arc, évalué en secondes décimales, par 0″, 324, et l'on aura l'arc correspondant en secondes sexagésimales.

Soit un arc de 1458 secondes décimales à réduire; on le multipliera par 0″, 324, et l'on aura 472″, 392, ou 7′ 52″, 4 de la division ancienne pour l'arc correspondant.

En voilà bien assez pour mettre tout élève intelligent dans le cas de faire usage des nouvelles mesures dans les calculs, et pour passer des anciennes aux nouvelles et réciproquement ; cependant ceux qui seraient curieux de connaître plus en détail ce qu'on a fait là-dessus, feront très-bien de lire les ouvrages qui en traitent, entr'autres, l'Ouvrage de Mr. HAROS, employé au cadastre, 2e. édit., 1802, et d'avoir pour leur usage particulier le *Tableau du poids de l'Empire Français comparé avec les anciens poids*, par Mr. MEISTRE, peseur public.

Fin du Supplément.

TABLE DES MATIÈRES.

Nous donnons cette table sous la forme de demandes, pour obliger l'élève à faire l'analyse des paragraphes. Cela le préparera d'ailleurs à répondre aux examens que le professeur lui fera subir de temps en temps.

CHAPITRE PREMIER.

Définitions.

Numération.

Des quatre Opérations.

De la Multiplication.

De la Division.

CHAPITRE II.

Des Fractions.

Multiplication

Multiplication et Division des Fractions.

CHAPITRE III.

Des Nombres complèxes.

Multiplication des Nombres complèxes.

paragraphes.

paragraphes.

Règle d'Escompte.

SUPPLÉMENT.

Fin de la Table des Matières.

TABLE.

CHAPITRE PREMIER.

CHAPITRE II.

CHAPITRE III.

SUPPLÉMENT.

Fin de la Table.

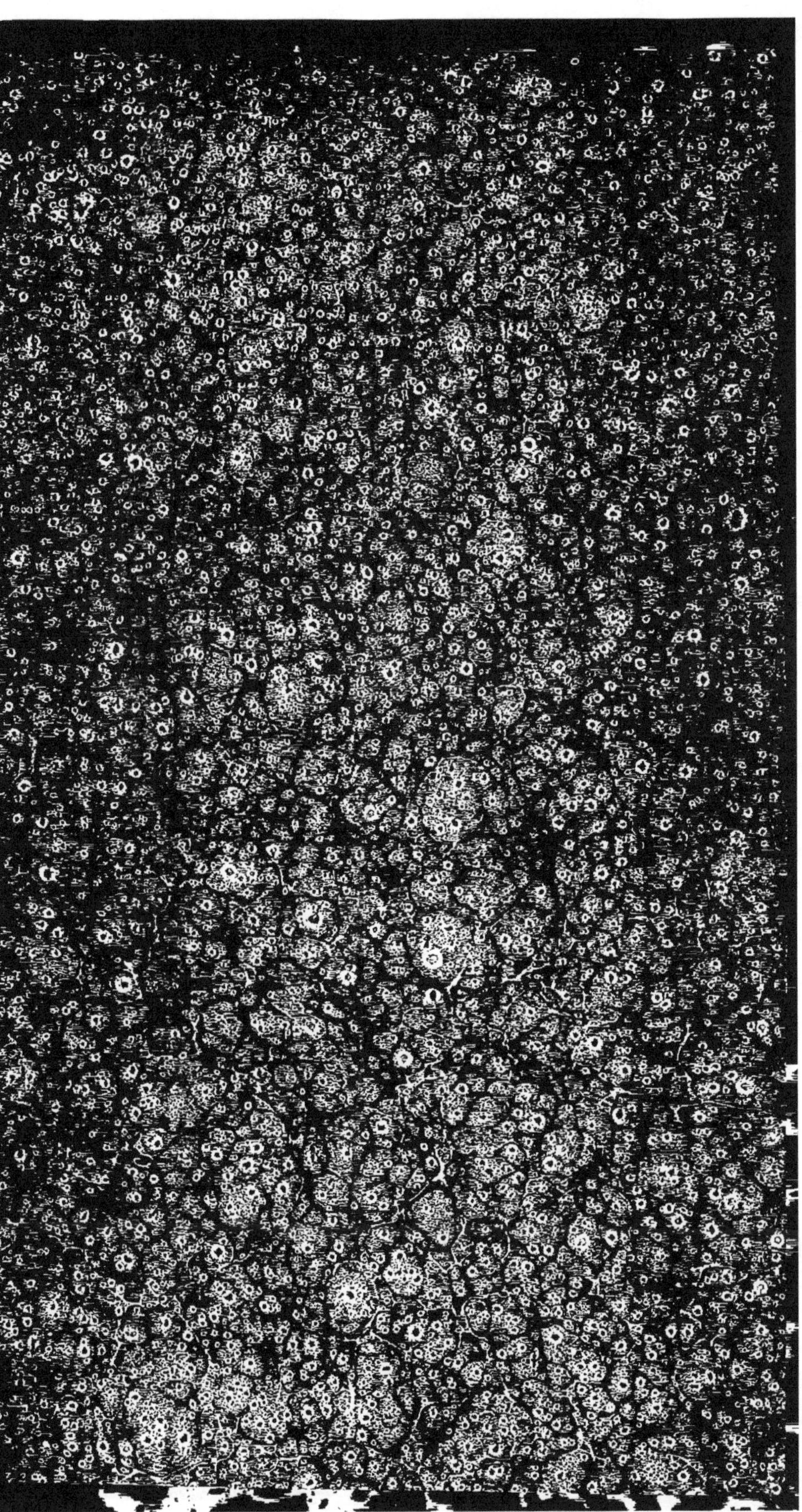

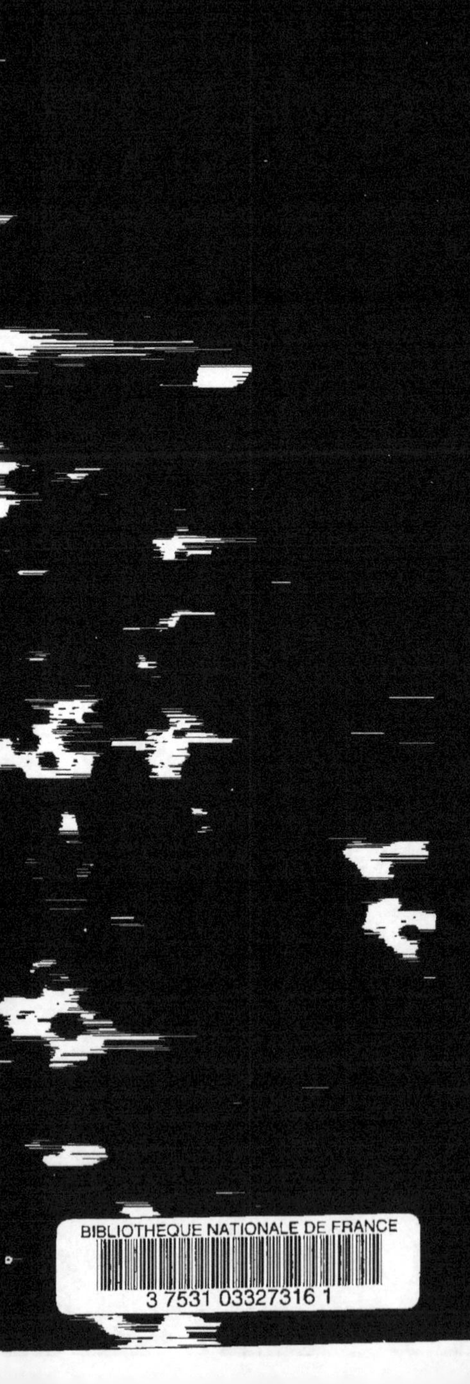

www.ingramcontent.com/pod-product-compliance
Ingram Content Group UK Ltd.
Pitfield, Milton Keynes, MK11 3LW, UK
UKHW031046260726
13965UKWH00006B/605